乡村振兴·农民教育培训系列教材

家庭农场规划建设与经营管理

章　彦　常雪梅　刘　敏　主编

中国农业科学技术出版社

图书在版编目(CIP)数据

家庭农场规划建设与经营管理 / 章彦，常雪梅，刘敏主编. --北京：中国农业科学技术出版社，2023.6(2025.2重印)

ISBN 978-7-5116-6259-0

Ⅰ.①家… Ⅱ.①章…②常…③刘… Ⅲ.①家庭农场-农场管理-中国 Ⅳ.①F324.1

中国国家版本馆CIP数据核字(2023)第072429号

责任编辑 施睿佳 姚 欢
责任校对 王 彦
责任印制 姜义伟 王思文

出 版 者 中国农业科学技术出版社
北京市中关村南大街12号 邮编：100081
电 话 (010) 82106631 (编辑室) (010) 82109702 (发行部)
(010) 82109709 (读者服务部)
网 址 https://castp.caas.cn
经 销 者 各地新华书店
印 刷 者 北京虎彩文化传播有限公司
开 本 140 mm×203 mm 1/32
印 张 6.5
字 数 165千字
版 次 2023年6月第1版 2025年2月第3次印刷
定 价 29.80元

《家庭农场规划建设与经营管理》

主　编	章　彦	常雪梅	刘　敏
副主编	张建伟	韩春美	张学刚
	刘苗苗	李　想	徐其领
编　委	戴小芳	刘爱月	孙　剑
	梁银霞	秦江敏	胡甜甜

前言

家庭农场是指以家庭为基本经营单元，以农场生产经营为主业，以农场经营收入为家庭主要收入来源，从事农业规模化、标准化、集约化生产经营，纳入全国家庭农场名录系统的新型农业经营主体，是实现小农户和现代农业有机衔接的基础性和骨干性经营主体，也是稳定农业基本盘、促进我国农业高质量发展的中坚力量。其发展规模和水平，直接关系到能否实现农业稳定发展、保障粮食安全和促进农民增收等关键目标。

近年来，我国家庭农场的发展规模不断扩大，整体效益持续提高，有力地推动了农业生产产业化、组织化的进程。但是在规划建设、管理方式、抗风险能力等方面也存在着一些问题。

本书针对当前家庭农场存在的问题，以服务家庭农场主、农业经理人以及农场农经管理工作者学习培训为目的，系统介绍了家庭农场的规划与管理，主要包括家庭农场简介、家庭农场的创办、家庭农场项目的选择、家庭农场的规划、家庭农场生产管理、家庭农场质量管理与品牌建设、家庭农场营销管理、家庭农场财务管理、家庭农场制度管理与风险防范、家庭农场典型案例，体系完整、内容广泛、语言通俗易懂，供读者学习参考。

由于编者水平和时间有限，书中难免有不妥之处，恳请广大读者批评指正。

编　者

2023 年 3 月

目录

第一章 家庭农场简介

第一节 家庭农场的概念和特征

一、家庭农场的概念

家庭农场的概念国外早有提出，核心理念是以家庭为基础的农村合作组织。2008年，中共十七届三中全会作出了推动土地流转、实现土地适度规模经营的决定，在我国第一次提出了家庭农场的概念。2013年，中央一号文件《中共中央 国务院关于加快发展现代农业进一步增强农村发展活力的若干意见》，进一步把家庭农场明确为新型生产经营主体的重要形式，并对扶持和培育家庭农场发展提出了要求。2013年，农业部办公厅印发《关于开展家庭农场调查工作的通知》，明确家庭农场是指以家庭成员为主要劳动力，从事农业规模化、集约化、商品化生产经营，并以农业为主要收入来源的新型农业经营主体。2014年，农业部印发《关于促进家庭农场发展的指导意见》，指出家庭农场作为新型农业经营主体，以农民家庭成员为主要劳动力，以农业经营收入为主要收入来源，利用家庭承包土地或流转土地，从事规模化、集约化、商品化农业生产。同时规定，现阶段家庭农场经营者主要是农民或其他长期从事农业生产的人员。2014年，中共中央办公厅、国务院办公厅印发的《关于引导农村土地经营权有序流转发展农业适度规模经营的意见》提出，重点培育以家庭成员为主要劳动力、以农业为主要收入来源，从事专业化、集约化农业生产的家庭农场。2019 年，经国务院同意，中国共产党中央农村工作领导小组、农业农村部等 11 部门和单位联合印发《关于实施家庭农场培育计划的指导意见》，指出家庭农场以家庭成员为主要劳动力，以家庭为基本经营单元，从事农业规模化、标准化、集约化生产经营，是现代农业的主要经营方式。2022 年，《财政部　税务总局关于印花税若干事项政策执行口径的公告》，明确家庭农场是指以家庭为基本经营单元，以农场生产经营为主业，以农场经营收入为家庭主要收入来源，从事农业规模化、标准化、集约化生产经营，纳入全国家庭农场名录系统的新型农业经营主体。

综上所述，家庭农场的概念虽然在不断完善，但其核心本质并未改变，即以家庭成员为主要劳动力、以家庭为基本经营单元，以农场生产经营为主业，以农场经营收入为家庭主要收入来源。

二、家庭农场主体

家庭农场主体，目前有以下 4 种理解：第一种是以传统的家庭为基础，即子女分家后就单独算一个家庭；第二种是以大家庭为基本单元；第三种是家庭成员占经营人员的比例至少 80%，也可以聘请临时工或长期工；第四种是家庭农场主不应局限于农村户口。本书认为，在尊重农民意愿前提下，家庭的含义可以扩大到祖辈、父辈、儿孙辈乃至其他亲属。在现阶段，家庭农场主以农村户籍居民为宜。城市人员、工商资本可以进入农业领域，但目前不宜纳入政策所指向的家庭农场范畴。

三、家庭农场的特征

关于家庭农场的主要特征，人们形成了一定的共识，如家庭经营、适度规模、市场化经营、企业化管理等。

（一）家庭经营

家庭农场是在家庭承包经营的基础上发展起来的，保留了家庭承包经营的传统优势，同时又吸纳了现代农业要素。经营单位的主体仍然是家庭，家庭农场主仍是所有者、劳动者和经营者的统一体。因此，可以说家庭农场是对家庭承包经营制度的发展和完善。

（二）适度规模

家庭经营不同于自然经济或小农经济，必须达到相当规模才能全面融合现代农业生产要素并形成相应的规模效益。然而，由于受到我国土地资源可供性的限制，以及当前大多数地区尚不完全具备依靠大规模雇用劳动力发展公司化经营的社会基础，因此国家的土地流转政策导向只能是农村土地的有限集中和发展多种形式适度规模经营，并成为当前转变农业发展方式的核心。在这一转型过程中，“度”是家庭农场培育与成长的生命力。从各地实践来看，家庭农场经营规模并非越大越好。如果规模超过家庭自身经营能力，经济效益、劳动效率和资源利用率等都可能下降。因此不能强行推进、盲目求大，这也导致各地对家庭农场规模认定出现差异化特征。

（三）市场化经营

为了增加收益和规避风险，家庭农场的一个突出特征就是同时从事市场性和非市场性农业生产活动。市场化程度的不统一与不均衡是家庭农户的突出特点。而家庭农场则是在不考虑生计层次均衡的前提下，通过提高市场化程度和商品化水平来实现盈利这一根本目的的经济组织。

（四）企业化管理

从广义上说，家庭农场与农业企业不是对立关系。企业化管理是有效提升组织化程度和解决农业生产与农产品购销市场隔绝问题的途径，而现代家庭农场本身就是一类具有高度组织形式的经营主体。因此，以现代企业标准化管理方式从事农业生产经营是现代家庭农场的基本特征之一。通过借鉴企业化管理模式，农场经营者能够积极参与社会分工协作，充分发挥协调与管理资源能力，集聚资本、技术和知识，提高家庭农场的组织化程度和生产劳动效率，从而有效增强家庭农场在农产品市场中的综合竞争能力。

第二节　家庭农场与其他经营主体的区别

一、家庭农场与专业大户的区别

专业大户是指承包的土地达到一定规模，并具有一定专业化水平的新型农业生产经营主体。专业大户的突出特点是“专业”，体现在生产经营的某一环节或经营领域的某一方面具有较强的专业性。专业大户和家庭农场存在很大的区别。

（一）组织主体

家庭农场的组织主体是家庭，以家庭户主为主，家庭主要成员参与生产经营，通常不雇用工人或仅仅需要季节性临时雇工。而专业大户，多数是一个人在务农，家庭其他成员可以从事二三产业，家庭主要收入来源可以是非农收入，同时专业大户不论规模大小，多是靠雇工生产，并对雇工的多少也没有限制。

（二）成立方式

种田能手和农机能手等新型农民把其他农户的承包地流转过

来统一经营，变成了专业大户，不需要工商注册。与专业大户相比，家庭农场的设立则需工商注册登记。这确定了家庭农场的市场经营主体的地位，使家庭农场在银行信贷、市场经营、品牌创建和政策扶持等方面比专业大户有更多优势。

（三）经营方式

家庭农场是以农业为基本经营对象，不仅要注重生产，同时重视加工、流通及销售；专业大户大部分是雇工生产和粗放经营，主要以生产农产品的初级原料为主，品种单一，某一方面具有较强专业性，如种养大户、农机大户。专业大户多数不愿对土地进行长期投资和精细化耕作，虽实现了规模化经营，但还不能提高农业集约化生产经营的水平。

二、家庭农场与农民专业合作社的区别

农民专业合作社是指在农村土地家庭承包经营基础上，农产品的生产经营者或者农业生产经营服务的提供者、利用者，自愿联合、民主管理的互助性经济组织。虽然它们都是规模经营的新型农业经营主体，但两者之间存在很大的区别。

（一）经营原理

农民合作社是在不变更现有农业生产经营方式的前提下，多个农户联合进行适度规模经营。农户依然以土地为依托，从事农产品的生产经营。家庭农场是在农村劳动力大量转移的情况下，通过土地流转实现土地的规模经营，同时实现了第一产业向二三产业转型，真正解放生产力。

（二）成立条件

成立农民专业合作社必须向工商行政管理部门申请登记，要有 5 名以上符合规定的成员，有相关的章程、组织机构、名称和住所，同时对成员的出资情况也有相关的规定。《中华人民共和

国农民专业合作社法》还对农民专业合作社的财务管理、会计核算、盈余分配、亏损处理、合并分立、解散清算、扶持措施、法律责任等作出了具体的要求。与农民专业合作社相比，我国家庭农场尚处于初级阶段，缺乏统一的认定标准和法律规定。

（三）经营方式

农民专业合作社是在家庭承包经营基础上，为农业生产采购、销售、农机服务等共同利益结合在一起的经济联合体，提供市场信息和技术指导，降低小规模农户经营的风险。家庭农场的经营模式是以家庭经营为基础的机械化生产。家庭成员血缘关系，组织规模小、层次少决定了各成员之间具有高度的利益一致性，在劳动分工和利益分配上生产成本小，通过土地流转、土地连片，实现机械化生产和最大经济效益。

三、家庭农场与农业企业的区别

农业企业是以实现利润最大化为主要目的，依法设立从事商品性农业生产和经营活动，自主经营、自负盈亏的经济组织。农业企业是我国农业生产经营活动的重要组织形式，与家庭农场有很大区别。

（一）组织形式

农业企业是一种典型的企业组织，有严格的组织制度和经济核算制度。家庭农场是一种家庭组织形式，是由婚姻、血缘等为纽带组成的较稳定的组织，不存在委托代理关系引起的监督成本，降低了生产成本。

（二）分工方式

农业企业内部采用的是专业的工业化分工方式，这与家庭农场的家庭成员内部分工有着明显不同。研究表明，由于农业生产受自然因素的影响较大，周期性长，空间分布广阔，使内部的分工水平很低。农业企业的专业化分工会使生产经营增加更多的管理成本和监督成本，而家庭农场的家庭经营更适应农业分工水平低的特点。

（三）要素投入

农业企业的生产要素投入以外来要素为主，土地资源主要依靠租赁，生产经营所需的劳动力多以雇工为主，资金来源也以外界投资为主。而家庭农场是以自有要素为主，外部要素为辅。例如，土地主要由自己承包和流转构成，劳动力以家庭成员为主，季节性或临时雇工为辅。这种家庭经营节约了生产成本，同时提高了资源利用率和劳动生产率。

四、家庭农场在新型农业经营主体中的地位

新型农业经营主体主要包括专业大户、家庭农场、农民专业合作社和农业企业 4 种形式。家庭农场与其他 3 种经营主体在功能、作用等方面的区别决定了家庭农场在新型农业经营主体中的特殊地位。

（一）家庭农场的基础地位

健全城乡一体化发展，要坚持家庭经营在农业中的基础性地位。纵观世界农业发展的经验，集体经营方式不适合运用在农业生产中，而实施家庭经营的国家一般都提高了农业生产效率，实现了农业可持续发展。以上 4 种新型经营主体中，只有专业大户和家庭农场是家庭经营，农民专业合作社和农业企业属于合作经营、集体经营或企业经营。因此，应确立专业大户和家庭农场的基础性地位。农民专业合作社和农业企业主要为专业大户和家庭农场在农产品生产、运输、销售过程中提供社会化服务，降低专业大户和家庭农场的市场交易成本，提高生产效率，实现规模化和集约化生产。因此，家庭农场是新型农业经营体系建设的

基础。

（二）家庭农场的核心地位

专业大户和家庭农场都是家庭经营，但专业大户没有实现集约化经营，对于解决土地利用率、生产率低下的问题和促进农业持续发展作用有限，而家庭农场不仅可以解决专业大户单一化生产造成的动力不足，同时在农资购买以及生产后的加工、销售等活动中比专业大户更具谈判能力和竞争力。因此，专业大户最终的发展状态也是家庭农场模式。家庭农场作为现代农业的载体，把规模化经营与集约化经营结合起来，运用先进的农业技术和专业化工具，实现农业资源的有效配置，促进现代农业发展。因此，家庭农场是我国农业生产经营主体中的主力军。

第三节　家庭农场的发展

一、家庭农场的发展成效

党的十八大以来，家庭农场发展比较快，发展形势比较好，并取得了初步成效。

（一）整体数量快速增长

截至2019年年底，全国家庭农场由34.3万个增加到85.3万个，与2015年相比，增长了约1.5倍；县级及以上示范家庭农场数量由3.9万个增加到11.7万个，增长了2倍。截至2022年6月底，全国家庭农场超过390万个。

（二）适度规模经营稳步发展

2015—2019年，全国家庭农场经营土地面积由0.52亿亩（1亩≈667米^2，全书同）增长到1.85亿亩，约增长2.6倍，其中，家庭农场经营耕地由4 310.9万亩增长到9 524.1万亩，约增长1.2倍。在推进家庭农场发展过程中，各地引导家庭农场根据产业特点和自身经营管理能力，实现最佳规模效益，杜绝片面追求土地等生产资料过度集中，防止“垒大户”。

（三）经营结构多元化

家庭农场的经营结构多元化。从粮经结合，到种养结合，再到种养加一体化，一二三产业融合发展，多元化趋势明显。种养结合类型家庭农场迅速兴起，种植业为养殖业提供饲料基础，养殖业为种植业提供有机肥料，通过种养结合实现生产过程绿色循环，减少环境污染，节本增效。

（四）指导服务能力不断增强

农业农村部开发了家庭农场名录系统，目前正在运行，建立了全面的统计和典型监测制度，每年发布一个年度发展报告，指导各省开展省、市、县三级示范家庭农场的创建，同时组织征集全国家庭农场典型案例，定期对外发布。

（五）家庭农场扶持政策的框架初步构建

2013年，中共中央一号文件提出了发展家庭农场的政策措施。2014年，农业部印发了《关于促进家庭农场发展的指导意见》。2019年，中国共产党中央农村工作领导小组办公室、农业农村部等11部门和单位联合印发了《关于实施家庭农场培育计划的指导意见》。

二、家庭农场发展面临的困难

近年来，新型经营主体在发展过程中普遍遇到了一些困难，家庭农场作为一支重要力量也面临着困难和制约。

（一）缺乏稳定、优质的辅助劳动力

家庭农场普遍有季节性雇工需求，从事精细化的农田管理活动。但当前农村劳动力的现实是，一方面家庭农场雇工时间与普

通农户农忙时间重叠；另一方面农村缺乏青壮年劳动力，加之劳动力价格不断攀升，使家庭农场雇工面临不断增加的不稳定、老龄化和高成本问题。

（二）土地租赁成本上涨

土地是农业生产的第一要素。中国上千年的农业生产模式都是小农经济，土地被零散地分在不同的农户手中。这种情况在技术不发达的年代可以充分调动农户农业生产的积极性，但零散的土地严重制约了农业机械的大规模应用，更限制了乡村的经济发展。家庭农场需要达到一定的种植面积才能申请注册。在山区，农田大都分散在乡村的各个角落，家庭农场需要从多个甚至数十个农户手里租赁农地，而且很难形成片区，无形之中增加了家庭农场的生产成本。

（三）面临过度规模化的风险

现实中，家庭农场的土地面积存在逐年扩大的趋势。但是作为适度经营的农业生产主体，家庭农场的适度规模化不等于无限制的规模化。过度规模化后边际效益递减会降低家庭农场经济效率，并会导致过度雇用化，使得农业生产过度依赖于家庭成员之外的劳动力，背离家庭农场发展的初衷。

（四）家庭农场配套设施和服务发展落后

家庭农场粮食产量巨大，需要配套大规模的晾晒、贮存场地和水电的稳定供应保障，但大多数村庄现阶段都不能完全满足这些需求。家庭农场发展前期购买大型农机设备有较大的贷款需求，现实中面临贷款程序复杂、可获得性低、优惠政策缺乏等障碍。此外，家庭农场在土地流转中介服务、农业保险、粮食销售与市场对接、农业技术培训、农业经营管理培训等方面，也普遍缺乏支持。

（五）农产品销售难题

农产品销售难题突出表现在销售利润率提升难，以及农产品品牌创建难。第一，农产品销售利润率提升需要减少农产品流通环节，拉近与终端市场的距离，实施基地—餐桌模式，发展订单农业。但目前家庭农场要做到这一步，还普遍存在产销对接不畅、销售渠道单一、对接平台较少等问题，并受制于生产管理能力不足，难以有效保障终端消费市场的需求。第二，农产品品牌创建是一个系统工程，需要基地管理、产品质量、品牌认证、品牌营销、品牌推广等一系列工作的有效支撑，这对目前家庭农场经营主体来说还有很多工作要做。

三、家庭农场的发展方向

（一）农场主呈现年轻化、高知化

随着农场主新老交替，原来一大批高龄、低学历农场主正逐渐退出，新进入的农场主不仅更年轻，而且学历层次更高。年轻的农场主具备丰富的知识，懂经营、善管理、敢创新，对新品种、新技术、新装备接受能力强，更能感知消费升级与需求变化带来的市场机遇，为家庭农场经营注入新的活力。

（二）以绿色发展理念作为内生驱动力

当前是促进经济社会发展全面绿色转型的关键时期，农业进入绿色高质量发展的新阶段。绿色发展是家庭农场发展的重要方向，将生态农业技术、现代先进装备、绿色低碳理念等引入家庭农场的生产实践，形成全面推行投入品减量化、生产清洁化、废弃物资源化、产业模式生态化的发展新格局，从而实现绿色可持续发展，提高市场竞争力，保障粮食及重要农产品质量安全，提高农业生产者收入。

（三）转向产业融合纵深发展

随着农业现代化、机械化、数字化、智能化程度的不断提高，家庭农场将会从产品走向产业，从生产领域走向产业化领域。例如，加工、电商、物流、休闲农业、乡村旅游等。立足资源优势，打造各具特色的农业产业链，探索农产品加工、休闲农业、乡村旅游等业态，引领绿色消费的新理念、新业态、新模式纵深发展，提升一二三产业深度融合带来的产业价值叠加效应，推动农业产业提质增效，进一步激发农业农村发展活力。

第二章 家庭农场的创办

第一节　家庭农场的认定标准

一般的家庭农场认定标准是以农户家庭为基本单位，以家庭成员为主要劳动力，从事农业规模化、集约化、商品化生产经营，并以农业收入为家庭主要收入来源的新型农业经营主体。由于我国各地区资源各具特色，土地产出率和劳动生产率等不同，对家庭农场的认定标准也有所不同。以下是江西省九江市家庭农场的认定标准，包括基本条件和经营条件两个方面。

一、基本条件

（1）家庭农场主必须是具有农村户籍的农民，且年满十八周岁，具有完全民事行为能力，并以家庭成员为主要劳动力实行自主经营，家庭常年务农人数在 2 人以上，无常年雇工或常年雇工数量不超过家庭务农人员数量，家庭农场农业收入占农户家庭总收入的 80%以上。

（2）家庭农场用地除自有承包经营土地外，其他为流转土地，所有用地必须有规范的土地承包和土地流转合同，且权属无争议。

（3）产品以商品化生产为主。家庭农场经营者应具备一定水平的农业生产技能，经营活动有详细的生产经营记录和比较完整的财务收支记录。

(4) 对法律、法规必须取得前置审批，并且需要具备生产经营条件后才能取得许可证或资质证的，从其规定。

二、经营条件

家庭农场经营规模应达到一定标准并相对稳定，并且从事相应主营经营生产的时间在 3 年以上。即从事粮食作物生产为主的，土地租期或承包期在 5 年以上，经营面积达到 50 亩以上；从事果业生产为主的，土地租期或承包期 10 年以上，经营面积 80 亩以上；从事花卉苗木或油茶种植为主的，土地租期或承包期 10 年以上，经营面积 50 亩以上；从事蔬菜生产为主的，土地租期或承包期 5 年以上，经营面积 20 亩以上；从事中药材种植为主的，土地租期或承包期 5 年以上，经营面积 40 亩以上；从事畜禽养殖为主的，生猪年出栏 200 头以上，或肉牛存栏 20 头以上，或奶牛存栏 10 头以上，或羊存栏 150 头以上，或肉用家禽存笼3 000羽以上，或蛋用家禽存笼1 000羽以上，或兔存栏 800 只以上；从事渔业生产为主的，水面租期或承包期 5 年以上，经营池塘面积 10 亩以上，或山塘水库面积 30 亩以上；其他从事种养结合等多种经营的，土地租期或承包期 5 年以上，年销售收入 10 万元以上。

第二节　家庭农场登记注册

一、家庭农场登记的必要性和登记材料

（一）家庭农场登记的必要性

家庭农场能享受到国家政策，同时也可以继承和发展。由于

家庭农场涉及农业规划、财产、品牌建设、农场继承等一系列问题，需要进行“登记”。只有登记为家庭农场才能获得国家认可，便于认定识别、政府管理与政策支持。为了避免“家庭农场”成为某些主体通过政策进行套利的手段，保证家庭农场稳定性、政策针对性，非常有必要进行家庭农场登记。

（二）家庭农场的登记材料

各省市农业农村部门基本上都出台了对家庭农场登记管理工作的意见。不少地方规定：以家庭成员为主要经营者，通过经营自己承包或租赁他人承包的农村土地、林地、山地、水域等，从事适度规模化、集约化、商品化农业生产经营的，均可依法登记为家庭农场。

登记家庭农场需准备的材料一般包括下列 6 项。

（1）家庭农场申报人身份证明原件及复印件。

（2）家庭农场认定申请及审批意见表。

（3）土地承包合同或经鉴证后的土地流转合同及公示材料，（土地流转以双方自愿为原则，并依法签订土地流转合同）。

（4）家庭农场成员出资清单。

（5）符合创办家庭农场发展的规划或章程。

（6）其他需要出具的证明材料。

二、家庭农场的注册形式

家庭农场是自然发展形成的经济组织。在相当长时间内，各地对是否需要工商注册看法不一，很多有志于发展家庭农场的农户也比较迷茫。家庭农场是一个产业组织主体，并非工商注册的组织类型。依照自愿原则，家庭农场可自主决定办理工商注册登记，以取得相应市场主体资格。

申请人根据生产规模和经营需要可以选择登记为个体工商

户、独资企业、合伙企业和公司。登记类型根据家庭成员共同要求确定，但组织形式应为家庭成员经营。

(1) 申请登记为个体工商户类型的家庭农场，依据《个体工商户条例》及相关规定办理登记。

(2) 申请登记为独资企业类型的家庭农场，依据《中华人民共和国个人独资企业法》及相关规定办理登记。

(3) 申请登记为合伙企业类型的家庭农场，合伙人是同一家庭成员，依据《中华人民共和国合伙企业法》及相关规定办理登记。

(4) 申请登记为公司类型的家庭农场，公司股东是同一家庭成员，依据《中华人民共和国公司法》（以下简称《公司法》）及相关规定办理登记。

挑选注册类型时一定要注意，如果注册个体工商户，则对注册资本没有门槛要求，不需要验资，但个体工商户承担的是无限责任。就是说，一旦发生经营危机，家庭财产有可能抵偿债务。而有限责任公司则要验资，以注资额为限，承担有限责任，家庭财产不受牵连。

三、家庭农场的注册名称

相较于其他农业项目，家庭农场在名称使用上要求更为严格，需要遵循一定的规则：如名称必须含有家庭农场字样，除此之外，不同注册性质的农场在名字使用要求上也不相同。例如，申请登记为个体工商户类型的家庭农场名称统一规范为“行政区划+字号+家庭农场”；申请登记为有限（责任）公司类型的家庭农场名称统一规范为“行政区划+字号+家庭农场+有限（责任）公司组织形式”或“行政区划+字号+行业+家庭农场+有限（责任）公司组织形式”。

我国幅员辽阔，地貌、气候、土壤类型及其组合方式复杂多样，农产品品种丰富，许多产品品质独特，拥有丰富的地理标识资源和建立农产品品牌的天然条件。家庭农场的名号可以采用当地有名的山川河流、家庭农场的经营者、特色种植养殖加工等。

家庭农场与养殖、种植大户不同，家庭农场有营业执照，可通过开展经营活动，提高自身知名度，通过申请注册商标的方式，形成自有品牌。家庭农场申请注册商标后，其品牌效应会随着品牌知名度提升而不断增强。

四、家庭农场的申报流程

（一）申报

农户向所在乡镇人民政府（街道办事处）提出申请，并提供以下材料原件和复印件（一式两份）。

（1）认定申请书。

（2）农户基本情况（从业人员情况、生产类别、规模、技术装备、经营情况等）。

（3）土地承包、土地流转合同等证明材料。

（4）从事养殖业的须提供《动物防疫条件合格证》。

（5）其他有关证明材料。

（二）初审

乡镇人民政府（街道办事处）负责初审有关凭证材料原件与复印件，签署意见，报送县级农业行政主管部门。

（三）审核

县级农业行政主管部门负责对申报材料进行审核，并组织人员进行实地考察，提出审核意见。

（四）评审

县级农业行政主管部门组织评审，按照认定条件，进行审查，综合评价，提出认定意见。

（五）公示

经认定的家庭农场，在县级农业信息网进行公示，公示期不少于7天。

（六）颁证

公示期满后，如无异议，由县级农业行政主管部门发文公布名单，并颁发证书。

（七）备案

县级农业行政主管部门对认定的家庭农场，须报市级农业行政主管部门备案。

第三节 家庭农场的支持政策

一、用地、财税、金融等支持政策

（一）依法保障家庭农场的土地经营权

目前，家庭农场经营的土地一半以上来自流转、租赁。因此，依法保障家庭农场的土地经营权非常重要，特别是流转土地的稳定性，包括租金水平，这直接关系到家庭农场的稳定经营。为此，《关于实施家庭农场培育计划的指导意见》（以下简称《指导意见》）提出了具体的指导政策，即健全土地经营权流转服务体系，鼓励土地经营权有序向家庭农场流转。推广使用统一土地流转合同示范文本。健全县乡两级土地流转服务平台，做好政策咨询、信息发布、价格评估、合同签订等服务工作。健全纠纷调解仲裁体系，有效化解土地流转纠纷。依法保护土地流转双方权利，引导土地流转双方合理确定租金水平，稳定土地流转关系，有效防范家庭农场租地风险。家庭农场通过流转取得的土地经营权，经承包方书面同意并向发包方备案，可以向金融机构融资担保。

（二）加强基础设施建设

基础设施建设对发展家庭农场至关重要，也是在生产经营活动中影响成本、效益的重要因素。如果地方政府在支持家庭农场的水、电、路等基础设施方面提供了比较好的条件，对家庭农场的效益提升和快速发展会起到明显的促进作用。《指导意见》在这方面提出了具体的指导政策。即鼓励家庭农场参与粮食生产功能区、重要农产品生产保护区、特色农产品优势区和现代农业产业园建设。支持家庭农场开展农产品产地初加工、精深加工、主食加工和综合利用加工，自建或与其他农业经营主体共建集中育秧、仓储、烘干、晾晒以及保鲜库、冷链运输、农机库棚、畜禽养殖等农业设施，开展田头市场建设。支持家庭农场参与高标准农田建设，促进集中连片经营。

（三）完善和落实财税政策

2017年，中央财政首次安排了专项资金支持家庭农场的发展，之后每年都不断地加大力度。通过中央财政的带动，地方财政也在不断地加大支持力度。《指导意见》中提出，要鼓励有条件的地方通过现有渠道安排资金，采取以奖代补等方式，积极扶持家庭农场发展，扩大家庭农场受益面。支持符合条件的家庭农场作为项目申报和实施主体参与涉农项目建设。支持家庭农场开展绿色食品、有机食品、地理标志农产品认证和品牌建设。对符合条件的家庭农场给予农业用水精准补贴和节水奖励。家庭农场生产经营活动按照规定享受相应的农业和小微企业减免税收政策。

（四）加强金融保险服务

事实表明，农户对于信贷支持和农业保险也有非常强烈的需求。特别是农业保险，对于稳定家庭农场生产经营发挥着重要的作用。《指导意见》中提出，要鼓励金融机构针对家庭农场开发专门的信贷产品，在商业可持续的基础上优化贷款审批流程，合理确定贷款的额度、利率和期限，拓宽抵质押物范围。开展家庭农场信用等级评价工作，鼓励金融机构对资信良好、资金周转量大的家庭农场发放信用贷款。全国农业信贷担保体系要在加强风险防控的前提下，加快对家庭农场的业务覆盖，增强家庭农场贷款的可得性。继续实施农业大灾保险、三大粮食作物完全成本保险和收入保险试点，探索开展中央财政对地方特色优势农产品保险以奖代补政策试点，有效满足家庭农场的风险保障需求。鼓励开展家庭农场综合保险试点。

二、家庭农场的补贴政策

现在国家支持家庭农场的政策很多，有的补贴适合所有的家庭农场，有的重点项目和补贴则针对特定类型的休闲家庭农场。

（一）所有家庭农场都可以享受的补贴

基础设施方面：所有家庭农场的基础设施建设都可以与政府协商解决。需要注意的是，在家庭农场建设之前就要与政府沟通，最好先把家庭农场建设项目进行立项，向政府部门汇报。

休闲方面：一二三产业融合项目重点支持发展休闲农业的园区。国家和各省每年都会评定休闲农业示范点、示范园区等家庭农场典范。所有家庭农场都可以申报，但是园区要在80亩以上。

（二）产业类家庭农场可以申报的补贴

根据产业不同，有蔬菜产业、水果产业、茶叶产业、林业产业、水产养殖产业、畜禽养殖产业、加工产业等。

蔬菜产业、水果产业、茶叶产业：可以申报农业农村部的园艺作物标准园建设项目，每个项目补贴50万~100万元，要求设施200亩以上，露地1 000亩以上。

林业产业：可以申报林业和草原局的名优经济林示范项目，每个项目补贴200万元以上；林业和草原局林下经济建设项目，一般补贴在10万~30万元。可以申报林业和草原局的国家林下经济示范基地、国家绿色特色产业示范基地。

加工产业：可以申报农产品产地初加工项目、开发性金融支持农产品加工业重点项目、技术提升与改造工程项目、农产品加工创业基地、农产品加工示范单位等。

（三）观光餐饮类家庭农场可以申报的补贴

观光类家庭农场：可以向中华人民共和国文化和旅游部申请旅游专项资金、旅游扶贫资金等。在贫困村建设的项目，还可以申请贫困村旅游扶贫项目资金。

自由基地发展餐饮的家庭农场：可以申请“三品一标”的认证及相关补贴、优质农产品生产基地。

（四）运动体验类家庭农场可以申报的补贴

运动体验类家庭农场是以优雅环境、运动拓展、活动体验、亲子教育等为特色。这类家庭农场多设置于市郊，方便都市白领等高收入人群与孩子参与体验，以及公司组织进行团队训练。

可以申报教育部的教育基地、学生课外实践基地以及儿童、青少年见学基地等。

（五）特色类家庭农场可以申报的补贴

特色文化类家庭农场是依托当地的特色文化、饮食、服饰等建设的休闲家庭农场。

发展特色文化的家庭农场可以向县委宣传部和文化局等单位申请文化产业发展专项资金。

（六）科教类家庭农场可以申报的补贴

科教类家庭农场主要是在家庭农场内利用现代农业技术进行农业生产，逐步将自主研发的技术进行试验示范与推广，并将现代农业技术进行展示、展览，让人们认识与体验现代农业的进步与技术发展。

这类家庭农场可以申报科技局的相关项目，如农业科技成果转化项目、星火计划项目、科技推广与集成技术示范项目等。

其实，无论是何种类型的家庭农场都会有相互的融合，都可以从多个角度进行资金的申请，例如，科技类家庭农场可以同时发展农业产业，运动体验类家庭农场可以发展观光餐饮。关键是农场主们要学会将自己的家庭农场从不同的角度进行分解，既可以发展产业类，又可以向观光餐饮类、运动体验类、特色类和科教类靠拢，争取从多个部门申请到更多的资金。

三、健全家庭农场经营者培训制度

这一条政策对农业农村部门提出了明确要求，对于提升家庭农场经营者能力素质有非常重要的作用。

国家和省级农业农村部门要编制培训规划，县级农业农村部门要制订培训计划，使家庭农场经营者至少每三年轮训一次。在农村实用人才带头人等相关涉农培训中加大对家庭农场经营者培训力度。支持各地依托涉农院校和科研院所、农业产业化龙头企业、各类农业科技和产业园区等，采取田间学校等形式开展培训。

第三章 家庭农场项目的选择

第一节 家庭农场项目概述

一、项目和农业项目

项目一般指同一性质的投资或同一部门内一系列有关或相同的投资，或不同部门内一系列投资。具体项目是指按照计划进行的一系列活动，这些活动相互之间是有联系的，并且彼此间协调配合，其目的是在不超过预算的前提下，在一定的期限内达成某些特定的目标。

而农业项目，泛指农业方面分成各种不同门类的事物或事情，包括物化技术活动、非物化技术活动、社会调查、服务性活动等。在农村、农业、农民的实际工作中，拥有数以万计的类型不同、内容不同、形式多样、时限有长有短的农业项目，包括每年新上的项目、延续实施的项目和需要结题的项目等。

二、项目的分类

农业方面的项目依据其性质区分一般有两大类：一类是农业生产项目，另一类是农业科技推广项目。

（一）农业生产项目

农业生产项目，主要是指在农、林、水、气等部门中，为扩大农业方面长久性的生产规模，提高其生产能力和生产水平，能形成新的固定资产的经济活动。

（二）农业科技推广项目

农业科技推广项目，主要是指国家、各级政府、部门或有关团体、组织机构或科技人员，为使农业科技成果和先进实用技术尽快应用于农业生产，保障农业的发展，加快农业现代化进程，并体现农业生产的经济效益、社会效益和生态效益而组织的某一项具体活动。

三、项目的选择

家庭农场应根据自身条件、定位，选择国家政策扶持的项目。

（一）项目选择依据

1. 市场需要

在农业生产经营和技术推广过程中，有时生产经营能力不能适应发展的需要，存在生产的农产品并非市场所急需、某类农产品供过于求、农产品附加值太低等问题，因此需要充分考察国内外市场的需求状况，确定目标市场，并对目标市场进行细分，进而实施不同的农业项目，达到增产增收或其他推广目标。

2. 社会发展需要

从广义上讲，社会发展就是社会进步。从狭义上讲，社会发展是从传统社会向现代社会的变迁过程。单纯的经济增长不等于社会发展。社会发展是包括经济发展、社会结构、人口、生活、社会秩序、环境保护、社会参与等若干方面的协调发展。

因此，在农业生产经营和技术推广活动中必须有计划、分步骤地开展各种各样的项目实施工作，即以不同的项目有计划、有目的地提高生产经营能力，对新成果进行传播和应用，提高农业生产水平。

（二）农业生产项目

1. 现代农业生产发展资金项目

现代农业生产发展资金主要用于支持各地稳定发展粮油战略产业，加快发展蔬菜等十大农业主导产业，促进粮食等主要农产品有效供给和农民持续增收。现代农业生产发展资金的支持对象为农民专业合作社、家庭农场、专业大户，以及与农民建立紧密利益联结机制、直接带动农民增收的农业龙头企业等现代农业生产经营主体，还有开展农业科技推广应用的机构、粮食生产功能区建设主体等。优先支持对推进村级集体经济发展壮大有较大作用的主体。现代农业生产发展资金主要支持以下关键环节。

（1）基础设施建设。项目区土地平整、土壤改良、主干道、作业道、蓄水灌溉、田间水利、滴喷灌设施、大棚温室、育苗设施、高标准鱼塘改造、浅海养殖设施、新型网箱、水处理设施、标准化养殖畜禽舍、养殖专用生产设施、防疫设施、配套服务设施等基础设施建设。

（2）设备购置。农（林、渔）业机械，质量安全检测检验仪器设备，农产品产地加工、储藏、保鲜、冷藏等设备购置。

（3）技术推广。良种引进推广、繁育，品种优化改良，先进实用技术和生态循环农业发展模式推广应用与技术培训。

现代农业生产发展资金在加大对基础设施建设、设备购置、技术推广等扶持力度的同时，根据不同产业，重点支持以下具体内容。

（1）粮油产业（主要包括水稻、小麦、玉米、油菜、木本油料等产业）：重点支持基础设施、土壤改良和“三新”技术推广示范、粮食高产创建等。

（2）蔬菜产业：重点支持“微蓄微灌”和大棚设施建设等。

(3)茶叶产业：重点支持标准茶园建设和初制茶厂优化改造等。

(4)果品产业（主要包括柑橘、杨梅、梨、桃、葡萄、枇杷、李子、蓝莓等产业)：重点支持精品果品基地建设和产后处理等。

(5)畜牧产业（主要包括猪、牛、羊、禽类等产业)：重点支持标准化生态循环养殖小区建设和良种引进等。

(6)水产养殖产业（主要包括鱼类、虾蟹类、龟鳖类、珍珠、海水贝藻类等产业)：重点支持高标准鱼塘、新型网箱、节能温室、浅海养殖等基础设施建设和设备购置，以及稻田养鱼、水产健康养殖示范基地、水产品新品种新技术推广等。

(7)竹木产业：重点支持林区道路等基础设施建设和竹木高效集约经营利用项目等。

(8)花卉苗木产业：重点支持大棚等设施设备和产品推广等。

(9)蚕桑产业：重点支持蚕桑优化改造和种养加工设施等。

(10)食用菌产业：重点支持集约化生产基地和循环生产模式等。

(11)中药材产业：重点支持中药材规范化基地建设和产地加工等。

2. 财政农业专项资金项目

财政农业专项资金项目是为进一步推进粮食生产功能区、现代农业园区和基层农业公共服务中心建设，保障农业现代化行动计划顺利实施而设立的，通过强化资金集聚和项目带动，推动农业生产规模化、产品标准化、经济生态化。支持对象为规范化农民专业合作社、家庭农场、专业大户、国有农场、村经济合作社、与农民建立紧密利益联结机制的农业龙头企业等生产经营主体，以及开展农技推广应用的推广机构。

（三）农业科技推广项目

1. 灌溉农业

发挥科技的创造力，鼓励研究、开发灌溉技术，让科研与生产实际密切结合，让政策措施与市场机制并举。

2. 农村新能源

（1）增加农村沼气建设的投入，在条件适宜的地区建设养殖场大中型沼气池。

（2）积极发展风能、太阳能、秸秆气化等清洁能源，加快绿色能源示范县建设，实施乡村清洁工程，推进生活垃圾、污水、农作物秸秆、人畜粪便的综合治理和转化利用。

3. 功能农业项目

开发功能农业，健全发展现代农业的产业体系，向农业的广度、深度进军，促进农业结构不断优化升级。

4. 农业大数据及物联网项目

健全农业信息收集和发布制度，整合涉农信息资源，推动农业信息数据收集整理标准化和规范化。加强信息服务平台建设，深入实施金农工程，建立国家、省、市、县四级农业信息网络互联中心。

第二节　家庭农场项目的申报与管理

一、家庭农场项目的申报

（一）申报前的准备

项目主管部门在发布项目指南后，相关农业企业（包括家庭农场）对照指南要求，开始前期准备工作，填写项目申请书，并进行可行性分析研究和论证评估。提交项目申请书后，有的项目还应按照要求准备答辩。为了提高项目申报的成功率，申报单位对所申报的项目，应集思广益，聘请有关专家，参照有关规定和指南进行认真的论证，并积极修改项目申报的相关材料。申报前的论证关系申报的成败，必须积极、认真，坚持实事求是。

（二）明确项目承担单位条件

农业项目需要具体的承担单位来执行并完成，项目承担单位的条件如下。

（1）领导重视。承担单位领导需对项目的实施非常重视，愿意承担项目的实施工作。

（2）有较完善的组织机构。承担单位必须是农业经营主体，内部管理机构完善，分工明确，人员配备完整。

（3）有较强的技术力量和必要的仪器设备。承担单位的技术依托单位有较强的技术力量，技术人员有与项目相关的专业知识、较高的技术水平、承担项目实施的经验。同时，有与项目实施要求相适应的仪器设备，能完成项目的实施任务。

（4）有一定的经济实力。农业项目的实施，除项目下达单位拨付一定经费外，往往还需要承担单位配套相应的经费。因此，承担单位必须有一定的经济实力，才能完成项目实施任务。

（5）有较强的协调能力。有的项目一个单位完成有一定的困难，需要其他相关单位配合才能完成。因此，在有多个单位一起参与的情况下，承担单位必须具有较强的协调能力，指挥协作单位共同完成项目任务。

（三）明确项目承担单位和项目主持人的职责

项目主持人（负责人）一般应由办事公正、组织协调能力较强、专业技术水平较高的行家担任。项目承担单位和项目主持人应能牵头做好以下工作。

（1）编写《项目可行性研究报告》，并根据专家论证意见修改、补充，形成正式文本。

（2）搞好项目组织实施、组织项目交流、检查项目执行情况。每年年底前将上一年度项目执行情况报告、统计报表及下一年度计划，报项目组织部门审查。

（3）汇总项目年度经费的预决算。

（4）负责做好项目验收的材料准备工作。

（5）传达上级主管部门有关项目管理的精神，反映项目实施过程中存在的问题，提出相应的解决意见，报项目组织部门审核。

（四）项目申报材料的一般格式

1. 农业生产项目的申报材料

农业生产项目的申报材料一般有农业项目可行性研究报告和农业财政资金项目申报标准文本两种。

1）农业项目可行性研究报告的一般格式和要求

农业项目可行性研究报告主要有以下内容。

（1）项目摘要，包括项目名称、建设单位、建设地点、建设年限、建设规模与产品方案、投资估算、运行费用与效益分析等。

（2）项目建设的必要性和可行性。

（3）市场（产品）供求分析及预测，主要包括本项目区本行业（或主导产品）发展现状与前景分析、现有生产能力调查与分析、市场需求调查与预测等。

（4）项目承担单位的基本情况，包括人员状况、固定资产状况、现有建筑设施与配套仪器设备状况、专业技术水平和区域示范带动能力等。

（5）项目地点选择分析，选址要直观准确，要落实具体地块位置并对与项目建设内容相关的基础状况、建设条件加以描述，不可以项目所在区域代替项目建设地点。具体内容包括项目具体地址位置（要有平面图）、项目占地范围、项目资源、公用设施情况、地点比较选择等。

（6）生产工艺技术方案分析，主要包括项目技术来源、技术水平、主要技术工艺流程、主要设备选型方案比较等。

（7）项目建设目标，包括项目建成后要达到的生产能力目标、总体布局及总体规模。

（8）项目建设内容，主要包括土建工程、田间工程（指农牧结合的）、配套仪器设备、配套农机具等。要详细列明各项建设内容及相应规模。土建工程：详细说明土建工程名称、规模数量、单位、建筑结构及造价；建设内容、规模建设标准应与项目建设属性与功能相匹配，属于分期建设及有特殊原因的，应加以说明；水、暖、电等公用工程和场区工程要有工程量和造价说明。田间工程：建设地点相关工程现状应加以详细描述，在此基础上，说明新（续）建工程名称、规模数量、单位、工程做法、造价估算。配套仪器设备：说明规格型号、数量、单位、价格、来源；对于单台（套）估价高于5万元的仪器设备，应说明购置原因和用途；对于技术含量较高的仪器设备，需说明是否具备使用能力和条件。配套农机具：说明规格型号、数量、单位、价格、来源及适用范围；对于大型农机具，应说明购置原因和用途。

（9）投资估算和资金筹措，依据建设内容、有关建设标准或规范，分类详细估算项目固定资产投资并汇总，明确投资筹措方案。

（10）建设期限和实施的进度安排，根据确定的建设工期、勘察设计、仪器设备采购、工程施工、安装、试运行所需时间与进度要求，选择整个工程项目最佳实施计划方案和进度。

（11）土地、规划、环保和消防意见。需征地的建设项目，附国土资源部门核发的建设用地证明或项目用地预审意见。需要办理建设规划报建以及环评和消防审批的，附规划部门、环保部门以及消防部门意见。

（12）项目组织管理与运行，主要包括项目建设期组织管理机构与职能、项目建成后组织管理机构与职能、运行管理模式与运行机制、人员配置等；同时要对运行费用进行分析，估算项目建成后维持项目正常运行的成本费用，并提出解决所需费用的合理方式。

（13）效益分析与风险评价，包括对项目建成后的经济与社会效益测算与分析，特别是对项目建成后的新增固定资产和开发、生产能力，以及经济效益、社会效益等进行量化分析。

（14）有关证明材料，各种附件、附表、附图及有关证明材料应真实、齐全。

2）农业财政资金项目申报标准文本的一般格式和要求

农业财政资金项目申报标准文本为表格式文本，按其具体要求逐一填写，主要有以下内容。

（1）基本信息，包括项目名称、资金类别、项目属性、总投资、财政补助、补助单位名称等。

（2）项目可行性研究报告摘要，包括项目与项目单位概况（项目基本情况：立项背景、建设目标等；项目单位情况：近两年财务状况、技术条件和管理方式等）、投资必要性分析（是否符合产业政策、行业和地区发展规划；资源优势及其与当地主导产业关系；促进当地经济发展和农民增收作用）、市场分析（项目主要产品种类、生产和销售情况；主要产品的市场供需状况及发展趋势；主要产品的市场定位与竞争力）、生产条件分析（项目所在地自然资源条件、社会经济条件；交通、水、电、通信等基础设施与配套设施）、建设方案（项目实施地点、范围和实施计划；建设内容和技术方案；项目运作机制和组织落实）、财政补助资金支持环节、投资估算与资金筹措、主要财务指标、社会效益分析、示范带动作用、促进农民增收、公共服务覆盖范围、生态环境影响、结论。

（3）项目评审论证表和申报项目审核表。

2. 农业科技推广项目的申报材料

农业科技推广项目的申报材料一般包括项目申请表、项目可行性报告、承诺书及有关附件材料等。

项目可行性报告，主要有以下内容。

（1）项目概况，国内外同类研究情况，包括技术水平。

（2）技术（产品）市场需求，经济、社会、生态效益分析。

（3）项目主要研究开发内容、技术关键。

（4）预期目标，包括要达到的主要技术经济指标。

（5）项目现有技术基础和条件，包括原有基础、知识产权情况、技术力量的投入、科研手段等。

（6）实施方案，包括技术路线、进度安排。

（7）项目预算，包括经费来源及用途。

（8）申请单位概况，包括企业规模、技术力量、设备和配套情况、企业资产及负债情况。

（9）项目负责人及主要参加人员简历。

（五）项目的立项程序

申报农业项目，首先要由承担单位，主要是农村家庭农场等经济实体，根据项目申报指南要求，选择符合自身实际要求的项目，填报申请表及项目可行性报告，分别通过网上和书面两条途径向项目主管部门申报。项目主管部门接到申报材料后，将组织相关专家进行综合评价，有的还要进行实地考察。大部分项目初评结果将在网上进行公示，公示期限内无异议的正式立项，并签订项目合同或下达项目计划任务书。

二、家庭农场项目的管理

（一）项目管理的概述

项目管理就是应用系统的方法，对项目的拟定立项、实施执行、成果评价、申报归档等各个阶段工作的实践活动，进行有效的协调、控制与规范，以达到预期目标的活动过程。

项目管理与管理的性质一样，具有二重性，即自然属性和社会属性。管理的自然属性，表明了凡是社会化大生产、产业化、规模化的劳动过程，都需要管理，管理的这种自然属性主要取决于生产力发展水平和劳动社会化程度，而不取决于生产管理的性质。管理的社会属性表明了一定生产关系下管理的实质，这种社会属性，随着生产关系的变化而变化，因而它是管理的特殊属性。例如，农业项目的管理对象，是参加项目实施的广大科技人员及农业劳动者，他们是项目的主人，项目的实施过程是他们直接参与的过程，也是项目决策的参与者，通过各种方法，如经济方法、行政方法、法律方法，充分地调动他们直接参与的积极性、主动性和能动性，自觉地规范行为，实现项目的预定目标。

（二）项目管理的内容

1. 项目申报立项管理

主要是项目组织单位的管理工作，其具体内容包括编写下达项目的大纲或申报指南，接受申报，组织专家对申报项目进行可行性研究，作出决策，否定或批准立项，下达项目计划并执行。

2. 项目实施管理

具体的内容包括层层签订合同，对实施方案与计划执行管理，对实施单位的人、财、物进行管理、检查、反馈与调整等，这一阶段的管理工作包括高层管理、中层管理和基层管理的交叉，需要互通信息、密切配合、协调共进，保证项目的顺利实施。

3. 项目验收与鉴定管理

其具体内容包括对资料整理、工作总结的管理，对项目承担单位申请、项目组织单位组织项目验收与鉴定工作的管理，对农业科技推广项目成果报奖及材料归档的管理等。

（三）项目管理的方法

1. 分级管理

项目组织部门根据各自的情况制订各自的项目计划，一般按下达的级别进行项目管理。省、市、县级项目组织部门分别管理跨市、跨县、跨乡的项目。承担上级的项目，执行中的修正方案要报上级管理部门批准；项目结束后，档案材料正本要交上级管理部门，自己只留副本。

2. 分类管理

在各级部门管理的项目中，一般分为农、林、牧、渔项目，隶属各部门管理，部门内再按专业划分，以便于按照各专业的特点，采取不同的管理办法组织实施。

3. 封闭式管理

每个农业项目的管理，从目标制订，下达部署，组织执行，反馈修改方案，直至实现目标，必须形成一个封闭的反馈回路，称为封闭式管理。项目管理中如果有头无尾或只有方案没有反馈，不按照项目程序进行，就很难达到预定目标。

4. 合同管理

项目计划下达后，项目下达部门可与下级部门逐级签订合同书，将项目实施目标，技术经济指标，完成时间，需要的经费、物资，考核验收办法，奖惩办法等写入合同，经各方签字后生效。

第三节　家庭农场项目的投资估算

实施投资估算，可以合理挖掘现有资源潜力，选出最佳预算方案，减少决策盲目性和降低风险。加强财务管理，把预算作为控制各项业务和考核绩效的依据，以此协调各部门、各环节的业务活动，减少或消除可能出现的矛盾，使农场经营保持最大限度的平衡。本节以某一休闲家庭农场的投资估算为例。

一、投资估算依据

根据国家、省和当地政府有关文件，并结合项目实际情况进行估算。

二、项目建设投资估算

（一）项目固定资产投资

项目固定资产投资估算，如表3-1所示。

表3-1　项目固定资产投资估算表

序号	项目名称	工程费用/万元	设备费用/万元	安装费用/万元	其他费用/万元	合计/万元	工程指标			备注
							单位	数量	造价/万元	
第一部分										
1	租地费用						亩			
2	餐饮区						栋			
3	果园						亩			
4	温室大棚						栋			
5	人行步道						米			
6	石砌挡墙						米			

（续表）

序号	项目名称	工程费用/万元	设备费用/万元	安装费用/万元	其他费用/万元	合计/万元	工程指标			备注
							单位	数量	造价/万元	
7	排灌渠						米			
8	木屋别墅						栋			
9	多功能馆						米^2			×层
10	员工宿舍						栋			×层
11	景观品茗						座			
12	公共厕所						座			
13	垂钓区						亩			
14	棋茶艺社						栋			
15	停车场						个			
16	果农场						亩			
17	植树						株			
18	水井						座			
19	供电通信						个			
20	路灯亮化						个			
21	苗木						株			
22	草坪						亩			
	合计									
					第二部分					
1	建设单位管理费用									
2	工程勘察设计费用									
3	监理费用									
4	临时施工									

（续表）

序号	项目名称	工程费用/万元	设备费用/万元	安装费用/万元	其他费用/万元	合计/万元	工程指标			备注
							单位	数量	造价/万元	
5	办公生活家具购置									
	合计									
	预备费用									
	总计									

（二）流动资金估算

流动资金估算按详细估算法计算，如表 3-2 所示。

表 3-2　流动资金估算表　（单位：万元）

项目	合计	第1周年	第2周年	第3周年	第4周年	第5周年	第6周年	第7周年	第8周年	第9周年	第10周年
流动资产											
应收账款											
存货											
现金											
流动负债											
应收账款											
流动资金											
流动资金本年增加											

（三）项目总投资

项目总投资，包括固定资产、有形资产、无形资产、递延资产、预备费用以及流动资金。

三、流动资金详细估算法

流动资金的显著特点是在生产过程中不断周转，其周转额的大小与生产规模及周转速度直接相关。详细计算法是根据周转额与周转速度之间的关系，对构成流动资金的流动资产和流动负债分别进行估算。计算公式为：

$$\text{流动资金}=\text{流动资产}+\text{流动负债} \tag{3.1}$$

$$\text{流动资产}=\text{应收账款}+\text{存货}+\text{现金} \tag{3.2}$$

$$\text{流动负债}=\text{应付账款} \tag{3.3}$$

$$\text{流动资金本年增加额}=\text{本年流动资金}-\text{上年流动资金} \tag{3.4}$$

估算的具体步骤，首先计算各类流动资产和流动负债的年周转次数，然后再分项估算占用资金额。

（一）周转次数计算

周转次数是指流动资金的各个构成项目在一年内完成多少个生产过程。

$$\text{周转次数}=\frac{360}{\text{最低周转天数}} \tag{3.5}$$

存货、现金、应收账款和应付账款的最低周转天数，可参照同类企业的平均周转次数并结合项目特点确定。又因为：

$$\text{周转次数}=\frac{\text{周转额}}{\text{各项流动资金平均占用额}} \tag{3.6}$$

如果周转次数已知，则：

$$\text{各项流动资金平均占用额}=\frac{\text{周转额}}{\text{周转次数}} \tag{3.7}$$

（二）应收账款估算

应收账款是指企业对外赊销商品、提供劳务而占用的资金。应收账款的周转额应为全年赊销销售收入。在进行可行性研究时，用销售收入代替赊销收入。计算公式为：

$$应收账款=\frac{年销售收入}{应收账款周转次数} \tag{3.8}$$

（三）存货估算

存货是企业为销售或生产耗用而储备的各种物资，主要有外购原材料、辅助材料、外购燃料、低值易耗品、维修备件、包装物、在产品、自制半成品和产成品等。

为简化计算，仅考虑外购原材料、外购燃料、在产品和产成品，并分项进行计算。计算公式为：

$$存货=外购原材料+外购燃料+在产品+产成品 \tag{3.9}$$

$$外购原材料=\frac{年外购原材料费}{原材料周转次数} \tag{3.10}$$

$$外购燃料=\frac{年外购燃料费}{按种类分项周转次数} \tag{3.11}$$

$$在产品=\frac{(年外购原材料、燃料费+年工资及福利费+年修理费+年其他制造费)}{在成品周转次数} \tag{3.12}$$

$$产成品=\frac{年经营成本}{产成品周转次数} \tag{3.13}$$

（四）现金需要量估算

项目流动资金中的现金是指货币资金，即企业生产运营活动中停留于货币形态的那部分资金，包括企业库存现金和银行存款。计算公式为：

$$现金需要量=\frac{(年工资及福利费+年其他费用)}{现金周转次数} \tag{3.14}$$

$$年其他费用=制造费用+管理费用+销售费用-(以上各项费用中所含的工资及福利费、折旧费、维修费、摊销费、修理费) \tag{3.15}$$

（五）流动负债估算

流动负债是指在一年或超过一年的一个营业周期内，需要偿还的各种债务。

在可行性研究中，流动负债的估算只考虑应付账款一项。计算公式为：

$$应付账款=\frac{(年外购原材料费+年外购燃料费)}{应付账款周转次数} \quad (3.16)$$

根据流动资金各项估算结果，编制流动资金估算表。

第四章 家庭农场的规划

第一节 家庭农场的规划原则

一、因地制宜原则

一是充分利用现有房屋、道路和水渠等基础设施。根据农场地形地貌和原有道路水系实际情况，本着因地制宜、节省投资的原则，以现有的场内道路、生产布局和水利设施为规划基础，根据家庭农场体系构架、现代农业生产经营的客观需求，科学规划农场路网、水利和绿化系统，并进行合理的项目与功能分区。各项目与功能分区之间既相对独立，又互有联系。农场一般可以划分为生产区、示范区、管理服务区、休闲配套区。

二是充分利用现有的自然景观，尽量不破坏家庭农场区域内及周围已有的自然园景，如农田、山丘、河流、湖泊、植被、林木等原有现状，谨慎地选择和设计，充分保留自然风景。

二、提高农业效益原则

家庭农场是在加快城市化进程、转变社会经济发展思路、推动农业转型升级背景下的农业发展新模式，是实施土地由低效种植向高度集成和综合利用，以适应城市发展、市场需求、多元投资并追求效益最大化的有效途径。因此，规划布局应充分考虑家庭农场的经营效益，实现农场开发的产业化、生态化和高效化，达到显著提高农业生产效益、增加经营者收入的目的。

三、优化资源配置原则

优化配置道路交通、水利设施、生产设施、环境绿化及建筑造型、服务设施等硬件；科学合理利用优良品种、高新技术，构建合理的时空利用模式，充分发挥农业生产潜力；合理布局与分区，便于机械化作业，并配备适当的农业机械设备与人员，充分发挥农机的功能与作业效率。此外，为方便建设、节省投资，建筑物和设施应尽量相对集中，以便在交通组织、水电配套和管线安排等方面统筹兼顾。

四、挖掘优势资源原则

认真分析家庭农场的区位优势、交通优势、资源优势、特色产品优势，以及农场所在地光、温、水、土等方面的农业资源状况，并以此为基础，合理安排家庭农场的农作物种植、畜禽养殖的特色品种、规模以及种养搭配模式，以充分利用农业资源和挖掘优势资源；在景观规划上，充分利用无机的、有机的、文化的各种视觉事物，布局合理、分布适宜、均衡和谐，尤其在展示现代化设施农业景观方面要达到最佳效果，充分挖掘农场现有自然景观资源。

五、可持续性发展原则

以可持续发展理论为指导，通过协调的方式将对环境的影响减少到最小，本着尊重自然的科学态度，利用当地资源，采取多目标、多途径解决环境问题，最终目标是建立一个具有永续发展、良性循环、较高品质的农业环境。要实现这一规划目标，必须以可持续性原则为基础，适度、合理、科学地开发农业资源，合理地划分功能区，协调人与自然多方面的关系，保护区域的生命力和多样性，走可持续发展之路。

第二节　家庭农场的规划方法

开展家庭农场规划的前提是家庭农场投资者或经营者做好了相关准备工作，比如在家庭农场选址、规模、发展定位、发展方向，以及初步投资意愿等方面进行了较充分的考虑。在此基础上，选择规划单位进行规划设计。规划单位的选择应充分考虑单位水平、规划人员的文化背景和规划经验。在双方达成正式协议后，开始进入实质性规划阶段。

一、调查研究阶段

（一）规划单位进行考察

了解家庭农场用地的自然环境状况、区位特点、特色资源、规划范围，收集与家庭农场有关的自然、历史和农业背景资料，对整个家庭农场内外部环境状况进行综合分析。

1. 基础条件

对家庭农场规划场地的作物种植状况、土地流转情况、区域界限、各类型土地面积、地形状况、场地所在地区的气候和土肥情况、水资源的分布与储量状况进行调查，确定该地区所适合种植的农作物种类，并根据场地地形地势的差异合理布置作物的种植区域。了解地区的基础设施状况，包括农场所在地交通状况、水利设施、水电气情况等方面。同时，还可以了解地区的环境质量状况，水体、土地的污染程度等，为今后的改善和治理工作打下基础。

2. 社会经济发展状况

家庭农场的发展是以地区的经济发展水平为基础的，一方面家庭农场的开发需要地方经济的支持，另一方面当地经济的发展能带动家庭农场各产业的发展。因此，在规划初期一定要结合地区的经济发展状况确定家庭农场的类型和规模，这样不仅能节约投资，还能避免资源的浪费和对环境的破坏。

（二）市场调研

明确市场供求现状和发展前景，是选择项目方向的重要前提。首先要明确调研目标，制订调研方案，然后组织调查，收集基础资料，通过实地调查和分析研究，提出调研报告。

1. 市场供求状况

农产品规模化生产后，还应投入到市场中，确定农产品的市场经济价值，只有生产具有市场经济价值的农产品，才能产生更好的经济效益。因此，在规划前期应对当前农产品市场的发展趋势进行预测，确定具有投资潜力的农产品种类，这将有助于家庭农场生产规划的顺利进行。市场的选择大多是对应本地区或是本地区周边省（市），但对于本身基础较好、经济实力较雄厚的家庭农场也可以面向全国，甚至国外市场。

2. 投资经济效益分析

根据市场调查数据的统计分析，结合家庭农场的建设背景和市场容量，确定其开发规模和建设项目，从而预测出投资成本和收益利润，为家庭农场的顺利建设提供保障。

（三）提出规划纲要

规划纲要包括主题定位、区位分析、功能表达、项目类型、时间期限、建设阶段、资金预算及投入产出期望等。

二、资料分析研究阶段

（1）分析讨论后，即纲要完善阶段，定下规划的框架并撰写可行性论证报告，一般包括农场名称、规划地域范围、规划背景、场内布局与功能分区、时间期限、建设阶段、投资估算与效益分析等内容。

（2）农场经营者和规划单位签订正式合同或协议，明确规划内容、工作程序、完成时间、成果等事宜。

（3）规划单位再次考察所要规划的项目区，并初步规划出整个农场的用地规划布置，保证功能合理。

三、方案编制阶段

（1）初步方案。规划单位完成方案图件初稿和方案文字初稿，形成初步方案。初步方案包括规划设计说明书、平面规划图及各功能区规划图等。

（2）论证。农场经营者和规划单位双方及受邀的其他专家进行讨论、论证。

（3）修订。规划单位根据论证意见修改完善初稿后形成正稿。

（4）再论证。再论证主要以农场经营者和规划单位两方为主，并邀请行政主管部门或专家参加。

（5）方案审批。上级主管及相应管理部门审查后提出审批意见。

四、形成规划文本阶段

规划文本包括规划框架、规划风格、分区布局、道路规划、水利规划、绿化规划、水电规划、通信规划和技术经济指标等文本内容和绘制相应的图纸。文本力求语言精练、表述准确、言简意赅。

五、施工图纸阶段

施工图纸包括图纸目录、设计说明书、图纸、工程预算书等。图纸有场区总平面图，建筑单位的平面图、立体图、剖面图，结构、设备施工图等。这是设计的最后阶段，主要任务是满足施工要求，同时做到图纸齐全、明确无误。

第三节　家庭农场的规划内容

一、区位与选址

（一）家庭农场的区位选择

家庭农场的区位选择需从气候、光照、温度、土壤、水源等与农业生产直接相关的因素及农业科技、配套设施等多个方面考虑。影响家庭农场规划选址的因素很多，其主要的影响因素体现在以下 4 个方面，即基础条件、经济基础、科技水平和人文资源。

1. 基础条件

基础条件是指家庭农场选址地的实际情况，主要包括自然环境条件、用地条件和基础设施条件。基础条件对家庭农场选址有直接的影响，关系到家庭农场的产业规模、空间布局及主导产业发展方向等问题。

(1) 自然环境条件。家庭农场选址地的自然环境条件主要涉及气候条件、水文与水质条件、生物条件等。气候条件主要包括对农作物的生长至关重要的光照、温度和降水量。水文与水质条件主要包括能为农场内的生产和生活提供用水、可以作为景观资源进行开发的优质丰富的水资源。生物条件主要包括场内种养现状、微生物的种类及生长状况，影响农场内功能分区与布局。良好的自然环境条件既是发展农业生产的基础，也是决定家庭农场选址的关键。

（2）用地条件。用地条件影响家庭农场项目的开展和建设，因此也是影响选址的重要因素之一。这主要体现在地形地貌、坡度、用地类型和土地流转集中状况等方面。常见的地形地貌从坡度分布与分级、沟谷分布数量结构来考虑，主要分为高原型、平原型、盆地型、山地型、丘陵型和岛屿型，不同地形地貌特征使家庭农场类型多样，进而影响家庭农场的产业类型。总体原则是因地制宜，统筹兼顾，突出特色。坡度对景观营造和建筑道路建设起着重要影响。通过租用、入股等多种形式，促进土地流转，适度集中连片，是影响家庭农场分区布局的重要因素，是兴建家庭农场的重要前提。

（3）基础设施条件。家庭农场选址地内及周边的水、电、能源、交通、通信等基础设施是农场规划建设中不可缺少的条件和因素。选址地基础设施条件直接关系到家庭农场开发建设的难度和投资的金额。便利的外部交通有助于区域外的人力资源、技术资源、信息资源、资金等向家庭农场集聚，同时可以提高其招商引资的能力，吸引更多有实力的农业科技家庭农场来投资。便捷的内部交通则保证农场内农产品生产、加工、包装以及运输等有序进行。水、电、能源设施是家庭农场进行高科技农业生产的保证。完善的通信设备，有利于保证市场信息、科技信息等的收集、分析和发布。

2. 经济基础

经济基础是指家庭农场规划选址地的经济发展状况，涉及经济发展水平、农业发展水平、居民生活水平、资金、市场等许多方面。当地经济环境条件对家庭农场的建设与发展影响很大。对于经济较发达的地区，经济活跃有利于家庭农场集聚资金，产业发达有利于家庭农场生产布局，促进规模化生产和高科技的投入，发展潜力大；反之，发展潜力小，制约家庭农场及当地产业发展。衡量某地的经济水平的两个重要指标是当地的市场消费能力和投资能力。

（1）市场消费能力。保障农产品能够销售出去是家庭农场立项的必要条件之一，必须予以充分重视。家庭农场选址地的市场消费能力在很大程度上影响着农场的发展规模和经济效益。因此，在农场规划前期，加强市场消费能力的调查分析，是避免造成农产品区域过剩的有效办法。

（2）投资能力。家庭农场项目资金的来源主要有 3 种途径，一是申请国家财政资金，主要用于农场基础设施建设和农场发展科技支撑等方面；二是引进家庭农场资金投资；三是当地农民入股投资。家庭农场规划选址时需考虑上述 3 种方式的投资能力，或加强与银行、投资公司的合作，拓展投资渠道，探索新的投资方式。

3. 科技水平

农业科技包括农业生产技术装备、农业机械化程度、农业耕作技术、农业信息化水平、农业经营管理水平等方面。农业科技水平高，有利于提高劳动生产率。先进和适用的耕作技术应用范围广，能使农业资源得到更好的优化配置，充分发挥农业生产的地域优势。先进的农业科技有助于促进农民改变传统的价值观念、生产方式和生活习惯，有利于农业生产经营活动，从而促进农场的健康良性发展。

4. 人文资源

家庭农场的功能一般不再局限于传统农业单一的生产功能，科普功能、教育功能、休闲观光功能等在一定程度上也成为农场功能的重要组成部分。因此，对于家庭农场，特别是休闲观光农场选址地周围的人文资源进行合理开发，把农牧业生产、农业经营活动与农村文化生活、风俗民情、人文景观等农业生产景观、农村自然环境有机结合，建设成融生产、加工、观光游览、科普教育等多功能为一体的综合性家庭农场。

（二）地址选择应考虑的因素

（1）选择宜进行较大规模农业生产、地形起伏变化不是很大的地段，作为家庭农场建设地址。

（2）选择自然风景条件较好及植被丰富的风景区周围的地段，也可在旧农场、林地或苗圃的基础上加以改造，这样投资少、见效快。

（3）选择利用原有的名胜古迹、人文景观或现代化新农村等地点建设现代休闲农场，展示农村古老的历史文化抑或是崭新的乡村景观风貌。

（4）选择场址应结合地域的经济技术水平、场址原有的利用情况，规划相应的农场。不同经济水平、不同的土地利用情况，农场类型也不同，并且要规划留出适当的发展备用地。

二、家庭农场空间布局

布局是对有关事物和事件的全面安排。空间布局从不同的角度可分为空间功能分布、空间结构设计、空间形态设计、空间要素布置、空间层次分析等；根据不同研究内容又可分为产业空间布局、绿地空间布局、居住空间布局等。家庭农场空间布局指的是农场各功能小区的空间布局。

在农场系统规划、建设和运营中，场区空间布局是具有重要影响的基础性和关键性工作。根据农场区域自然条件、地形地貌和开发现状，以优化生产区、生活区、管理区、示范区以及休闲娱乐区等为出发点，合理配置农场内主要建筑物、道路、主要管线、绿化及美化设施。对于家庭农场而言，生产区的作物空间布局优化是主要内容。根据场地作物生产结构要求，按作物重要性、作物田块适宜性、作物适植连片性，形成符合作物结构优化目标的空间布局方案。

（一）空间布局方法

1. 土地用途分区

根据《中华人民共和国土地管理法》和土地利用总体规划的有关技术规范要求，土地用途分区是土地利用总体规划的重要内容。依据农场发展定位、土地资源特点和社会经济发展需要的要求，按照土地用途规则的同一性划分土地空间区及土地用途区。

（1）基本农田保护区。是指按照一定时期人口和社会经济发展对农产品的需求，依据土地利用总体规划确定的不得占用的耕地。基本农田是耕地的一部分，而且主要是高产优质的那一部分耕地。比如，经国务院农业农村主管部门或者县级以上地方人民政府批准确定的粮、棉、油、糖等重要农产品生产基地内的耕地；有良好的水利与水土保持设施的耕地，正在实施改造计划以及可以改造的中、低产田和已建成的高标准农田；蔬菜生产基地；农业科研、教学实验田；国务院规定应当划为永久基本农田的其他耕地。

（2）可调整耕地区。是指将现状为其他农用地但土地条件可以调整为耕地用途、视作耕地进行管理的土地用途区。

（3）一般农业区。主要用于农业生产，切实保障种植业的需要以及直接为农业生产服务使用的土地用途区。

（4）林业用地区。指用于林业生产的土地的总称。包括用材林地、防护林地、薪炭林地、特用林地、经济林地、竹林地等有林地及宜林的荒山荒地、沙荒地、采伐迹地、火烧迹地等无林地，灌木林地，疏林地，未成林造林地等。

（5）畜牧业用地区。是指为畜牧业发展需要划定的土地用途区。

（6）建设用地区。是指为农场建筑发展需要划定的，是利用土地的承载能力或建筑空间，不以取得生物产品为主要目的的用地。

（7）风景旅游用地区。是指具有一定游览条件和旅游设施，除居民点以外，为居民提供旅游、食宿、休假等的风景游览用地和游览设施用地。

（8）人文和自然景观保护区。是指为对人文、自然景观进行特殊保护和管理划定的土地用途区。

（9）其他用地区。是指根据实际管制需要划定的其他土地用途区，其命名按管制目的确定，如水源保护区等。

2. 土地开发建设分区

（1）重点农用地。重点农用地主要用于农业生产及直接为农业生产服务使用。鼓励重点农用地内的其他用地转为农业生产及直接为农业生产服务的用地；按规划保留现状用途的，不得擅自扩大用地面积。控制重点农用地改变用途。

（2）重点建设用地。重点建设用地内的土地要对应用于各项建设，严格执行总体规划；要节约、集约利用土地，努力盘活土地存量，确需扩大的，应利用非耕地或劣质耕地。严禁擅自改变土地原有用途；严禁废弃、撂荒土地，能耕种的必须耕种。控制建设用地规模，严格按照国家规定的行业用地定额标准安排建设用地。

（3）一般建设用地、一般农用地、混合用地。除改善生态环境、法律规定外，不能擅自改变土地利用类型。严格保护基本农田和其他专业化农业商品基地建设用地。禁止乱砍滥伐、倾倒废弃物等破坏生态环境和景观资源的行为。

（二）地理区划方法

地理区划是地理科学进行空间差异特征分析的最基本的方法，是根据自然地理环境及其组成成分在空间分布的差异性和相似性，将一定范围的区域划分为一定等级系统的系统研究方法。区域划分的主要依据是区域内的资源、环境、发展的基本条件和潜力，现有生产力水平、面临的主要任务及发展方向等方面的一致性。

生态景观是指由地理景观（地形、地貌、水文、气候）、生物景观（植被、动物、微生物、土壤和各类生态系统的组合）、经济景观（能源、交通、基础设施、土地利用、产业过程）和人文景观（人口、体制、文化、历史等）组成的多维复合生态体。生态景观的综合划分以自然景观、经济景观和人文景观的综合特征的相似性和差异性为前提而进行。

1. 自然景观

根据自然景观的地域分异规律，按地域的相似性和差异性进行地域的划分与合并，即把自然特征相似的地域划分为一个区，在发生差异变化的地方确定为区界。对自然特征相对一致的区域的特征，及其发生、发展与分布规律进行研究，并按其区域之间的等级从属关系，建立一定的自然区域单位的等级系统。

2. 经济景观

是指将自然环境各类景观和人文社会各类景观作为一个整体进行研究，探索文化演进中人类对于各类景观资源的消费、创造等行为模式以及由此产生的经济效应和经济活动规律，划分的理论依据是经济景观的地域分异规律。

3. 人文景观

是社会、艺术和历史的产物，带有其形成时期的历史环境、艺术思想和审美标准的烙印，具体包括名胜古迹、文物与艺术、民间习俗和其他观光活动。以人文景观的地域分异规律为理论基础，依其社会文化地域综合体的相似性和差异性进行合并和划分，即按其相似性可以把级别较低的人文景观合并成较高级的人文景观，并依其地域联系逐级排列成一个等级序列，即为人文景观区划。

（三）空间布局模式

大规模的综合性农场，特别是科技示范农场的空间布局可以参照现代农业科技园区布局模式，主要分为矩形布局模式、圆形布局模式、圈层布局模式和园中园布局模式。科技农场的实践不仅可以是某一单一模式的运用，也可以是多种单一模式的综合运用。比如，农场总体布局属于圆形布局模式的，对于局部农场而言也可以采用圈层布局模式或园中园布局模式；对于总体上属于园中园布局模式的，在局部的小园当中也可以采用圈层布局模式。

（四）具体布局方式

家庭农场空间布局要求如下。

（1）要符合区域农业和农村经济发展战略。目前，家庭农场的发展要充分发挥其示范辐射功能，促进周边地区农业和农村经济的发展，推动现代高效农业的发展，繁荣农村经济，带动农民增收，产生良好的经济效益、生态效益和社会效益。

（2）要依据区域农业资源条件。农业资源条件是影响农业产业发展的首要因素，因而家庭农场规划项目时要依据场内地形地貌、土壤类型、气候条件、利用现状等方面来布局。

（3）要依据农场的功能定位。单一功能家庭农场与多功能综合性家庭农场的空间布局模式显然是不相同的。

（4）一般规模的家庭农场的布局形式根据非农业用地，也就是核心区在整个农场所处的位置来划分，常有围合式、中心式、放射式、制高式、因地式（表4-1）。

表4-1　家庭农场布局方式与要求

布局形式	非农业用地	农业用地
围合式	整个农场中心	分布在农场四周
中心式	靠近入口处中心	分布在农场内各区域
放射式	农场一角	其余为农业用地
制高式	农场地势较高处	在其下方
因地式	结合实际情况而定	多种方式并用

三、家庭农场的分区

家庭农场功能分区时，要有所偏重、有所取舍，做到因地制宜，区别对待。

（一）功能分区原则

（1）满足农场需求。各功能分区及规划内容要满足农场的各项功能要求，分区因需要而设置。种植区根据不同土地用途，也可划分为不同种植模块，比如旱地种植、稻田种植、林地种植；每个种植模块又可以分为不同作物种植搭配模式。

（2）充分利用农业资源。农业资源包括现有的水利设施、道路、自然景观。自然资源包括阳光、水、土壤等条件。结合农场现有农业资源因地制宜确定农场各功能区类型，尽可能避免大规模基础设施改造而增加农场建设成本。

（3）保持空间布局的完整。空间布局指农场各功能区域在农场内部的具体分布，应尽量保持生产区域的规模，不能太细分。同时，注意保持现有的行政界线、生产区的完整。合理的空间布局有利于农场各区域的有效衔接，提升农场生产效率。

（4）注重以人为本。功能分区应遵循以人为本的原则，特别是休闲观光农场，依照生产者和旅游者的双重需要，通过合理布置功能，既方便农场管理与生产农事，又方便游客观光休闲、娱乐体验，实现更高的生产效率和更舒适便捷的观光游览。

（二）分区规划

1. 功能分区要求

（1）据情设区。根据家庭农场的建设与发展定位，合理布局农场种植区、养殖区、休闲区等。种植区宜农则农，宜林则林，旱地、水田种植结构合理优化，作物搭配、茬口衔接、立体种植科学。整体空间布局可用规范式网状道路或水利形成基本分区骨架，以充分体现农业科学的本质特性和现代农业文化的理念性。

（2）集中连片。主栽作物应集中连片，便于大面积规模化生产管理；示范类作物按类别分置于不同区域且集中连片，既便于生产管理，又可产生不同的季相和特色景观。

（3）生态安全。养殖区应根据养殖对象的特点，遵循循环农业的基本原则与生态学的基本原理，科学规划、合理布局，进行无害化处理，资源化利用，变废为宝。

（4）功能多样。科技展示性、观赏性、体验性和游览性强且需相应设施或基础投资较大的其他项目，应相对集中布局于主入口和核心服务区附近，既便于建设，又利于积聚人气。

（5）高效配置。经营管理、休闲服务配套建筑用地，集中置于主入口处，与主干道相连，便于土地的集中利用、基础设施的有效配置和建设管理的有效进行。

2. 功能分区

典型现代综合农场一般可分为生产区、示范区、观光区、管理服务区、休闲配套区等。

(1) 生产区。生产区在家庭农场中占地面积较大，主要用于农作物生产，果树、蔬菜、花卉苗木园艺生产，畜牧养殖、水产养殖，森林经营，故需选择土壤、地形、气候条件较好，并且具有灌溉、排水设施和水源的区域。区内可设生产性道路，以便生产和运输。

(2) 示范区。示范区是家庭农场中为进行农业科技示范、生态农业示范、科普示范、新品种新技术展示、设施农业新装备展示而设置的区域，可以体现出农场是新技术推广示范的载体，并能向农场周边辐射，加速农业高新技术应用。

(3) 观光区。观光区是家庭农场中人流集中的地方。通常是休闲农场应有的主要功能区，设有观赏型农田、观赏型作物、瓜果、珍稀动物饲养、花卉苗圃等，场内的景观建筑通常多设在此区。选址可选在地形多变、周围自然环境较好的区域，让游人身临其境，感受田园风光和自然生机。该区域人流集中，要合理地组织空间，并有足够的道路、广场和生活服务设施。

(4) 管理服务区。家庭农场为经营管理而设置的内部专用地区，特别是大型的综合性家庭农场，可包括管理、经营、培训、接待、咨询、会议、车库、生活用房等，一般位于大门入口附近，与农场外主干道有车道相连，与场内其他区有车道相连，便于运输。

(5) 休闲配套区。在家庭农场中，特别是综合性农场、休闲观光农场，为了满足游人休闲需要而设立。对于单一的生产性农场可以不专设此区。休闲配套区一般应靠近观光区，靠近出入口，并与其他区用地有分隔，保持一定的独立性。规划者应在充分理解旅游者的心理需求的基础上，通过设立采摘区、体验区、观赏区等区域，充分挖掘农场特色资源，彰显农场主题，设计融生产体验、农耕文化传承、农业知识普及、休闲娱乐为一体的特色项目，营造一个供游客享受乡村生活和参与体验的场所。

四、农场产业项目规划

农场的规划设计者必须具有农业科技知识背景和跨学科、多技术的整合能力，否则其规划设计方案就难以达到科学性、合理性和可操作性。因此，对农场规划人员的素质提出了很高的要求。

进行家庭农场规划中的产业项目设计时，既要考虑满足当地开发条件，又要能提升农场经济效益。规划时考虑农场生产技术的先进性，特别是机械化生产技术和现代设施农业生产技术的运用。比如，农作物种植、经济作物种植、花卉苗木种植、水产养殖等的场地条件和设施条件。

（一）规划要求

（1）因地制宜。长期的农业生产积累和不断调整优化造就了各地不同的农业特色，产业规划要根据当地的区位特征、资源条件、农业基础及社会经济等因素综合考虑，提出适合农场产业发展的规划思路。同时，不同的区域、地段、地形、水文、气候等对不同产业类型及构成要求不同，需要的技术和设施要求也不同。

（2）经济效益。农场的项目选择，关系到整个农场的技术水平和经济效益。经济效益是家庭农场生存和发展的主要目标。因此，产业规划时应从实际出发，充分考虑当地资源、市场等方面的优势，抓住当地的农业特色和优势农产品，分析产品市场上的供求关系、价格幅度、风险因子等，弄清农场产品的市场占有额以及市场扩展能力，确定农场产业发展的方向和目标。

（3）主导产业。选择具有资源、市场、技术等潜在优势和广阔发展前景的产业作为农场的主导产业，通过进一步开发和挖掘，发展成为当地农村或区域经济发展的支柱产业，带动农场及当地的农业产业发展，如水稻产区的有机稻米、四川的无花果、青海的冬虫夏草、重庆的莲藕等。

(4) 先进技术。农场的项目选择必须以先进的科学技术为支撑，这样农场不仅可以作为带动区域经济的增长点，而且可以成为高新技术产业培育与成长的源头，向社会各个领域辐射，体现农场的示范作用。

(二) 产业规划内容

(1) 功能定位。家庭农场产业要根据农场规划的指导思想和发展目标，立足于当地社会经济的实际条件，因地制宜，突出重点，确定恰当的建设内容和技术路线，指导农场产业规划建设，使农场发挥其应有的作用和影响。

(2) 主导产业。合理的主导产业可以有效带动农场产业发展的步伐，同时还可以辐射周边地区，促进农业经济的发展。因此，在规划农场主导产业时，首先，要明确当地经济发展状况和农业产业发展趋势，结合国家和当地政府的农业政策及消费市场需求，认真分析主导产业的发展前景和发展空间。其次，应该慎重选择主导产业，通过定性分析和定量分析进行综合筛选，确定符合要求的产业作为农场的主导产业进行培育。种植业、畜牧业、水产养殖业和农产品加工业以及休闲农业等领域都有可能成为家庭农场的主导产业。

(3) 优势产业。优势产业立足于现实的经济效益和规模，注重目前的效益，强调资源合理配置及经济行为的运行状态。家庭农场的优势产业规划应立足于当地农业基础产业的发展现状，在确定了主导产业的基础上，选择主导产业内的优势农产品作为优势产业。比如，种植业中选择优质稻米生产，畜牧业中选择宁乡花猪、黄山黑鸡、临武鸭养殖等。在农场内为优势产业提供其发挥功能的空间，实现其产业价值。

（4）配套产业。配套产业是指围绕该农场主导产业，与农产品生产、经营、销售过程具有内在经济联系的相关产业。对于以农业生产为主导产业的农场来说，餐饮业、旅游业等第三产业即为该农场的配套产业。观光休闲农场则以观光、娱乐、休闲、养生、体验为主业，农业生产是配套产业。配套产业虽然不能作为农场的主业，但其为保障农场功能的顺利开展，促进农场的全面发展是不可或缺的。

（5）投资概算与资金来源。家庭农场的投资概算主要由固定资产投资和流动资产投资组成，固定资产投资主要用于农场内部兴建厂房、建筑物及购置机器设备等固定资产的费用和其他费用，如土地租赁费、勘察设计费、平整场地费、建筑工程费、公共基础设施费和人员培训费等。流动资金主要用于购买农业生产所需的材料、燃料等，以及支付工资和进行农场内经营活动过程所需的各种费用。此外还必须考虑到农场建设前期的沉淀成本、未来在农场建设过程中的管理费用和不可预见费用。

农场的开发建设资金投入较大，因此应鼓励和吸引社会各方面力量参与投资，不断开辟新的资金来源渠道，形成多渠道、多层次的投资机制。资金来源主要有以下 3 个方面：一是国家财政资金申请，主要用于农场基础设施建设和农场发展科技支撑等方面；二是积极鼓励金融机构融资、引进家庭农场资金投资，甚至是家庭农场来投资兴办家庭农场；三是加强引导广大农户以土地、劳动力、资金等各种生产要素及以承包、入股等形式建立股份制家庭农场。

（6）效益分析与风险评估。经济效益主要是指农场建成后对农场本身及辐射区带来的直接经济利益和间接经济利益。社会效益主要表现在提供就业岗位、改善社会生活环境、提高居民综合素质、改善投资环境、增加财政税收等方面；同时通过农场的技术辐射，还可带动地区农业产业的发展及农业产业结构的全面升级。生态效益是在产业规划时运用了生态环保、循环利用的理念，将农业发展建立在“绿色生产”基础上，构建生态产业链，在提高农场生产效率的同时，维护农场的生态环境。

家庭农场的主要风险包括市场风险、技术风险、经济政策风险、工程风险、财务风险、投资估算风险、社会影响风险、环境风险等。风险评估一般采用专家调查法、层次分析法、关键事件法及蒙特卡罗法等基本方法进行。主要考虑的是市场行情、时间衔接、技术安排和项目管理等各方面出现偏差时造成农场效益发生变化，威胁投资安全的问题。

(7) 组织管理与运行机制。第一，家庭农场的组织管理与运行应遵循市场化运作，最大限度调动农场从业人员的生产积极性和主动性，以农场效益为核心开展农场各项活动。第二，发展产业化经营，如“公司+农场”。第三，避免过多的行政干预，政府主要是负责协调、指导、监督农场建设，保证农场规范运营。第四，农场应建立完善的人才招聘机制、激励机制及利益共享机制，完善各种规章制度，保证农场各项活动有序进行。另外，为了加强农场的科技含量，可以与科研单位、大专院校等建立合作关系，及时了解最新的农业技术和科研成果。

(8) 保障措施。完善农场技术保障机制。依托科研院所，通过成果转让、项目咨询、技术培训等方式为农场的发展提供技术支持。

制定和完善配套政策。为建设家庭农场的投资者、创业人员、高新产业等提供优惠的政策支持。

加强农场社会化服务体系建设。加强农业信息网络建设，完善农产品供求和价格信息采集系统、农业环境和农产品质量信息系统等，为农场发展提供信息服务平台。

建立多层次、多形式、多渠道的投资机制。形成以政府财政投入为导向，信贷投入为依托，家庭农场、农民投入为主体，社会资金和外资投入为补充的多元化农业投资格局。

（三）农场产业分类

（1）农业生产。作物种植包括大田作物种植、旱地作物种植、园艺作物种植等；林业包括苗圃、花圃、林地、森林公园等；畜牧业包括牧场、家禽养殖场等；渔业包括大型鱼类养殖场、特种鱼类养殖场等。

（2）加工业。属于第二产业范畴，是对农业产业链的延伸。比如，米业家庭农场进行稻米深加工，蔬菜加工家庭农场对蔬菜加工、提升价值，果品加工家庭农场改善果品外观品质，或进行深加工处理，开发附加产品，促进农村剩余劳动力就业，增加农民收入。

（3）休闲农业与乡村旅游业。休闲农场、农家乐、休闲农业园区、休闲农庄、民俗村等以当地农村生活和农业劳动场景为背景开展的集观光、休闲、学习、体验于一体的综合项目，利用农村设施与空间、农业生产场地、农业产品、农业经营活动、自然生态、农业自然环境、农村人文资源等，经过规划设计，以发挥农业与农村休闲旅游功能，增进游客对农村与农业的体验，提升旅游品质，促进乡村旅游业的发展，增加农村就业机会和农民经济收入。

五、景观规划

农田是景观，农场是景区，农业生产即为景观表达的过程。生产性农场可不将景观规划作为主要内容。在进行家庭农场景观规划时，有机地组配自然素材、人工素材、事件素材，有效地表达与显现家庭农场景观的形象、意境和风格。家庭农场也可以是美丽优雅的风景区。

（一）规划要求

（1）板块构建。以生态理论为指导，建设高效人工生态系统，实行土地集约经营，保护连片基本农田、优质耕地板块；控制建筑板块盲目扩张，构建景观优美、人与自然和谐的宜居环境；重建植被板块，因地制宜地增加绿色廊道和分散的自然板块，补偿恢复景观的生态功能。

（2）树种选择。功能区域边界、道路两旁、防护林等地绿化规划以乡土树种为主。这类植物适合当地环境条件，具有较强的适应性和抗性，而且可以体现民族特点和地方风格，且易于就近获得种苗，加快了农场绿化进程，既利于形成景观，又节约养护成本。

（3）立体结构。根据植物的生态学特性，合理配比乔、灌、草、花、菜，形成高低有致、疏密结合的植物群落关系，形成和谐、有序、稳定的植物群落景观，达到赏心悦目的效果和体现休闲功能。

（二）规划内容

（1）道路水系。道路、水渠、防护篱勾画出农场空间格局，自然引导，畅通有序，体现了景观的秩序性和通达性。而且家庭农场内一个完整的道路、水系景观的空间结构，为畜禽、农作物、昆虫等各种动植物提供了良好的生存环境和迁徙廊道，是家庭农场中最具生命力与变化的景观形态。在一些农业历史文化展示的景观模式中，道路及水系景观保留了丰富的历史文化痕迹，这也是家庭农场规划的一项重要内容。

（2）设施农业工程。农业工程设施景观包括库塘、沟渠、挡土护坡、防护林、温室大棚、排灌站、喷灌滴灌等农业生产设施景观，既满足农业生产功能，又呈现出特殊的美学效果。农业设施是指各类农业建筑，如畜禽舍、温室和塑料大棚等；能对环境进行调控的各种设备，如采暖、光照、通风设备等；环境自动监测和控制系统，如蔬菜育苗设施、植物工厂、沟渠、山塘水库等。

（3）农业生产。在大多数景观模式的规划中，农业生产景观是最基本和最主要的内容。作物间套种搭配形成多层、立体、高效利用景观，稻田立体种养共栖模式，露地随季节变化的稻、油菜等作物的季相色彩，温室内反季节栽培的蔬菜、瓜果和鲜活的畜禽水产等，是家庭农场中不可缺少的景观规划内容。

（4）环境绿化。绿化环境景观规划是农场总体景观的一个有力的补充和完善。对于综合性农场，在规划时首先应考虑到不同作物生长对光照有不同的要求，因此，在树种选择上可选用一些具有经济价值的林果、花、灌木等，也可以乡土树种为主，衬托出自然的农林感。

春、夏、秋、冬园艺园林植物与大田作物的季相变化、果树的春华秋实、农场的人景亲和、道路绿化带的赏心悦目，构建了农场景象的时空特征、景观多样性和异质性。

六、道路规划

（一）规划要求

（1）因需而定。由道路功能确定路宽、结构及路面材质，做到既美观又实用。

（2）便利通畅。以科学、有效、便捷为准则，场内道路既要利于生产经营，又要便于集散人流、车流、物流。

（3）网状分布。道路成网，功能配套，合理分隔农场内各大小区域。

（4）功能明确。道路线形要与总体规划相结合，有主有次，并具有明确导向功能。

（5）节约用地。充分利用现有道路，并与供排水网结合，尽量节约土地。

（二）规划功能

（1）种植区、养殖区主要设置生产服务的专用道和游览观光的兼用道。

（2）集散区内设置人流、车流、物流的网格状交通主、次干道。

（3）设置各不同级别功能区的自然分界线，便于管理和经营。

（4）休闲观光农场，还应考虑在服务区、管理区内设置游览观光用的游览车道和交通便道。

（三）规划内容

交通道路规划包括对外交通、入内交通、内部交通等方面。

（1）对外交通指由其他地区向农场主要入口处集中的外部交通，通常包括公路、桥梁的建造和汽车站点的设置等。对外交通对于农场的整体发展至关重要。在进入农场的道路设置有趣的引导标识吸引人的视线和激发其进入农场的强烈欲望。

对于观光休闲农场，外部引导路线的长度是极其重要的。根据游客不同出行方式的心理感受，在距离农场5千米处，设置大型广告牌。通过农场的实景照片及简单文字，介绍农场性质和特色项目。在整条外部引导路线上，每隔500米设置一处和农场主题、景点有关的雕塑，样式、形态、大小要有节奏变化。

（2）入内交通指农场主要入口处到农场的管理区、服务区或接待中心区的道路，路面要求宽阔、美观、实用。

（3）内部交通的规划内容主要包括以下3个方面。

①道路交通流线尽可能利用或选择自然现存的通道，如现有道路、河流等。

②道路宽度要根据农场的性质以及各个功能区的特点与作用来确定主干道路、主要道路和次要道路及其宽度。

③交通方式主要有地面交通和水上交通，主要包括车行道、步行道等。

一般农场的内部交通道路可根据其宽度及其在农场中的串联组织作用分为以下 3 种。

①主干道路。主干道路连接农场中主要区域及景点，构成农场道路系统的骨架。休闲农场在道路规划时还应尽量避免让游客走回头路。

②主要道路。主要道路要伸出各生产小区，路面宽度约为 3 米，便于农用机械的入区操作。

③次要道路。人行道路为各生产小区内的行走小路。布置比较自由，形式较为多样，对于丰富农场内的景观起着很大作用。

七、场内水电规划

（一）规划要求

（1）农场内外水系贯通，有水源或有进水，排水通畅。

（2）充分利用原有的主要水系及水利工程，节省投资。

（3）场内灌排工程要因地制宜。

（4）分别考虑生产和生活用水。

（5）计算用电负荷，科学架设电网，安全布置电路。

（二）规划内容

1. 灌排水设施规划

（1）灌、排、畜兼用，包括农场内主干水系。

（2）灌溉专用。场田内用于进水的硬质沟渠及用于喷、滴灌等的各级专用干支管道。

（3）排水专用。场田内各级排水沟系，一般宽1.0~1.2米，深0.5~0.8米。

（4）种养兼用。“果基鱼塘”“猪—沼—果（茶、林）—渔”等生态工程区。

（5）造景、养殖兼用。生产区、示范区、观光区、管理区、服务区内新开挖的池塘。

2. 生活用水规划（估算）

（1）综合性生产农场根据最高常住人口估算，最高日需水量按200升/人计。

（2）休闲农场则根据最高日流动人口估算，最高日需水量按100升/人计。

（3）规划家禽、水产类养殖及其他用水量。

3. 生产用水规划

（1）根据生产区不同作物种类、畜类、鱼类的需水特性来确定灌溉用水量。

（2）现有水利设施常年储水能力与供水能力。

4. 供水方式规划

（1）利用农场现有自来水供水管网增容解决。

（2）农场自建小型深井以补充不足和以防不测。

（3）生产用水利用山塘、水库等储水设施供水。

5. 排水规划

（1）生活污水无害化处理后排入场外河流，也可直接作为农业生产灌溉用水。

（2）雨水通过集水系统汇入农场内山塘、水库、河沟，蓄作灌溉用水。

6. 供电规划

（1）农场的生活、生产和经营用电通过增容解决。

（2）用电量估算：农场每年的常规民用电量按每人每月 50 千瓦·时计，经营用电（旅游接待）按每人次 0.5 千瓦·时计，农业及绿地养护每年用电量按每亩 100 千瓦·时计，从而可以估算出农场近期（5～10 年）、中期（10～20 年）、长期（20～50 年）的年用电量。

（3）电力线布局依路（沟）立杆架线而建，建议农场内特别是休闲服务区、生活区和文体教育项目区采用地下电缆。

八、通信电信规划

（一）电话

家庭农场按照需要可在家庭生活区配备电话；综合性生产农场可在各生产区配备电话；休闲农场可在管理经营区、休闲服务区、家庭农场区及各生活区管理站，均安装程控电话。一般每个管理经营区和生活区配置一部电话，其中部分单位可配置内部小总机。

（二）电视

规划时把所在地区的有线电视电缆敷设进农场。

（三）计算机网络

农场各区均配备计算机，并连接互联网。

第五章 家庭农场生产管理

第一节　种植业的生产管理

一、农作物种植的生产管理

农作物生产是种植业生产部门的主要组成部分。大田栽培的粮食作物、经济作物、饲料作物都属于农作物生产的范围。科学合理地种植农作物，对于提高农作物经济效益、维护生态平衡、提高地力和防治病虫害有重要意义。

（一）农作物的生产特点

农作物生产过程是自然再生产与经济再生产相结合的过程，必须按自然规律和经济规律去组织生产。农作物生产的特点主要表现为以下4个方面。

1. 农作物生产以土地为基础

土地是农作物生产不可替代的生产资料。土地本身具有独特的肥力，而且数量有限。土地在科学合理使用下，其肥力可以得到提高。农作物生产要因地种植，实现用地与养地相结合，才能实现农作物持续稳产、高产。

2. 农作物生产的对象是有生命的植物

农作物生产是在大自然中进行的受到自然界许多因素（土壤、水分、气候、光照等）影响的活动。因此，农作物生产具有不稳定性和难以控制性。农作物利用其生活机能，通过对光、热、水、肥等的吸收，将无机物转变为蛋白质、淀粉和糖分等有机物质，满足人类生活、生产的需要。

3. 农作物生产具有较强的季节性

农作物生产效果在很大程度上取决于各项作业在适宜农事季节的完成状况。因此，各项作业必须按农事季节去完成。农作物生产的这一特点还影响其他相关部门的生产。

4. 农作物生产的生产时间与劳动时间的不一致性

这种不一致性要求把农作物生产与其他一些有关部门的生产恰当地结合起来，以便最大限度地利用自然资源和人力资源。

（二）农作物的生产管理

农作物生产季节性强，周期较长，一般需要经过整地、播种、田间管理和收获等作业过程。在各个阶段中，作业内容、目的要求、采用的技术措施与操作方法、所需的劳动量和生产资料都不相同，但共同的是要求在规定的期限内完成作业任务。因此，组织好每个阶段的生产活动是生产过程组织的重要任务，是夺取丰收的关键。

1. 耕作工作的组织

耕作工作是种植业生产的一项基本工作，它直接影响以后一系列作业的质量。在耕作工作中为了保证作业质量，首先是做好劳动力和机具的准备。在以人工畜力为主的条件下，应力求做到精耕细作，达到规定的技术要求。

2. 播种工作的组织

在种植业生产中播种工作是一项时效性很强的重要作业。高质量地适时完成作物的播种作业，对农作物的高产起决定性的作用。播种工作的技术要求高、时间限制严，有时还与收获工作同时进行，因而需要加强组织管理，合理调配劳动力，有计划地安排作业，以便保证播种工作的顺利完成。

3. 田间管理工作的组织

田间管理工作是农作物生长发育和形成产品的过程，在播种工作和收获工作之间进行。田间管理工作包括间苗、中耕、培土、除草、施肥、灌水、打药等。这些农活均直接影响农作物的产量，应严格按照技术要求进行。

4. 收获工作的组织

这是一项最为繁重和重要的工作，组织好这个阶段的工作才能保证丰产丰收。这个阶段的主要任务是把成熟的庄稼全部收获到手，颗粒归仓，不受损失，同时还要把地空出来为下茬作物的及时播种创造有利条件。收获工作可以采用不同的方式进行，或手工收割，或畜力农具收割，或机械收割等。不同的方式有不同的技术操作规程，在进行作业时应严格按操作规程进行，才能提高工作质量和工作效率。当农作物收获后，还要注意安全，加强防火、防盗、防雨措施，保证农作物不受损失。

农作物生产过程中的作业项目繁多，生产组织工作总的要求是：合理使用劳动力、机器设备等，保证农活质量，符合农艺要求；不违农时，在规定的期限内完成各项作业；注意节省开支，降低作业成本，提高生产的经济效益。

二、蔬菜种植的生产管理

（一）蔬菜的生产特点

蔬菜生产是农业种植业的一个重要组成部分。因此，因地制宜地发展蔬菜生产，特别是在大城市郊区及工矿区周围发展蔬菜生产，对于保证城镇居民蔬菜的供应、增加菜农的收入都具有重要意义。尽管栽培蔬菜种类繁多、种植方法各异，但蔬菜生产却具有如下共同特点。

1. 季节性生产、均衡性消费

这是蔬菜产销工作中的主要矛盾，由于蔬菜的产品特点决定了人们天天需要消费，而蔬菜生产又受自然条件特别是气候条件影响，具有明显的季节性，在市场供应上反映为淡季和旺季。在淡季供不应求，市场紧张，消费者不满；在旺季供过于求，大量返销，造成腐烂浪费，生产者蒙受损失。因此，蔬菜经营者必须根据这一特点，组织好生产与供应。

2. 种类、品种繁多，茬口安排复杂，复种指数高

蔬菜可分为叶菜、根菜、果菜、茎菜、花菜、水菜 6 大类，在每一类中又有若干品种若干品系，由于各种类、各品种、各品系的生物学习性各异，生产周期长短不一，故在生产的茬口安排上较其他农作物复杂得多，有的一年多茬，有的多年一茬或一年一茬，其复种指数很高。因此，蔬菜生产必须根据这一特点逐个品种、逐季逐月地安排生产，力争做到均衡生产、均衡上市。

3. 蔬菜不耐储藏，远程运输困难

蔬菜多为鲜嫩产品，含水量大、易腐烂变质、不耐储藏、远程运输困难、可食率低。根据这些特点，要求经营者根据蔬菜的理化、生物特性进行科学检验、保鲜储运，以保持蔬菜的鲜活度、使用价值，提高蔬菜的可食率，满足消费者对蔬菜鲜嫩的需要。

4. 蔬菜生产的集约化程度高

根据蔬菜生物学特性和生长发育规律，蔬菜生产与其他农作物相比，对水、肥要求较高，需要投入的劳动力和资金也更多。因此，经营者应实行集约经营方式，以劳动集约、技术集约和资金集约相结合的办法，不断提高蔬菜生产的集约化水平，提高蔬菜的产量和经营效益。

5. 蔬菜生产的波动性和风险性大

蔬菜生产除对肥、水条件要求较高外，还易受旱、涝、病虫

害、霜冻等自然灾害的影响，产量不稳定。蔬菜生产波动性大，难以正确估计产量和进行市场预测，不利于市场营销活动的开展，其生产风险和经营风险较大。

6. 蔬菜栽培技术的综合性强

蔬菜栽培包括播种、育苗、移栽、施肥、灌溉等环节，各环节都有特殊的技术要求，而且栽培过程涉及有关植物生理、遗传、生物生化、土壤、气象、农业机械、植保等综合技术，难度大，蔬菜生产者难以全面掌握。

（二）蔬菜均衡生产管理

蔬菜均衡生产是保证蔬菜均衡供应的前提。蔬菜供应不均衡，直接影响消费者和生产者的利益，为此，特提出下列6项措施，以保证蔬菜均衡生产，达到均衡供应的目的。

（1）科学安排露地蔬菜茬口、轮作、品种。

（2）采用先进栽培技术，以提早或推迟上市。

（3）积极推广保护地栽培和温室栽培方式，缩小淡旺季差距。

（4）发展蔬菜储藏加工，建设冷库或速冻车间。

（5）发展高山蔬菜，与普通蔬菜错开上市。

（6）加强道路建设，建立蔬菜运销绿色通道。

三、果树种植的生产管理

（一）果树的生产特点

果树生产是种植业生产的重要组成部分，在国民经济中占有重要地位。果树生长的生物学特性决定了果树生产具有其他部门所不同的特点，要研究果树种植的生产管理，就必须了解果树的生产特点。果树的生产特点如下。

1. 果树生产是具有多效益的生产部门

果树生产不仅具有为人们提供营养丰富的果类食品，满足消费者日益增长的多种需要，为食品工业、化学工业等国民经济部门提供原料，增加集体和果农收入等方面的重要作用；而且还具有改善气候条件，保护生态平衡，美化生活环境等作用。果树生产具有经济、社会、生态诸方面多效益的特点。

2. 果树生产经济效益高，持续性强，但一次性投资大，资金回收期长

果树多数为多年生植物，生产初期投资大，需几年才有效益。随着人民生活水平的提高，对果品的需要量越来越大。

3. 果树生产技术复杂

果树生产从育苗、定植、采果到产品的储、运、销等过程涉及一系列复杂的技术问题，而且各个环节都有不同的技术要求，特别是育种、修剪等技术果农一般难以掌握，严重影响果树生产的产量。

4. 果树生产的产销矛盾突出

果树生产的地域性、季节性和年度差异性，产品的鲜活性，易腐易烂，消费的普遍性、大量性和均衡性，使其产销矛盾尤为突出，要求经营者根据各类果树生产的产销特点、产销规律做好产销协调工作。

5. 果树生产地域辽阔

果树是一种适应性广的作物，各类果树可以在不同地形、不同土壤、不同气候、不同海拔高度的广阔地域生长和种植，这就有利于经营者充分利用土地资源，从而促进立体农业、山地农业、生态农业、创汇农业和庭院经济的发展。

（二）果树的生产管理

根据果树生产的特点，果树生产应做好以下 4 方面的工作。

1. 果树生产应以市场为导向，政府加以引导

果树生产要因地制宜，立足本地市场，面向全国，考虑国

际，适应国内外贸易发展的需要。要选好果树品种，成片开发，形成区域优势，避免一哄而起、盲目扩大栽种面积、重栽轻管等粗放经营现象，做到种一块、管一块、成一块、收效一块。

2. 抓好果树生产主要技术环节的管理工作

果树生产过程包括若干作业环节，各环节作业质量的好坏直接影响果树的产量和质量，特别是一些主要技术环节对果树生产的影响至关重要。为此，必须抓好果树生产主要技术的管理工作，如合理施肥、病虫害防治、合理修剪等都属于主要技术，必须加强管理。

3. 做好系列配套服务和采取各种优惠政策

为了保证果树生产顺利发展，必须做好各种服务工作和采取多种优惠政策，如做好运销、信息、技术咨询、技术培训、物资供应等方面的服务工作，提供优惠贷款、减免果树生产初期税收政策，使良好的配套服务和优惠政策有利于促进果树生产的发展。

4. 公、检、法齐抓共管，维护果树生产者的经济利益

偷盗、哄抢果品事件严重影响了果树生产者的生产积极性，公、检、法各部门应采取坚决措施保护他们的利益。

第二节　畜牧业的生产管理

一、养猪业的生产管理

（一）养猪业的生产特点

猪与其他家畜相比，具有成熟早、产仔多、生长快、产肉多等特点。猪属杂食动物，饲料利用范围广，且适应性强。因此，不分农村和城市、农区和牧区、高山和平原等都可饲养。猪肉是

我国肉食供应的主要来源，过去一直占我国肉食消费的90%以上，近年来由于畜牧业生产结构的调整，草食家畜和家禽有较大发展，但猪肉仍然是我国肉类的最重要组成部分、是我国肉食消费中的支柱产品。活猪、冻猪肉、猪鬃、猪肠衣等还是我国出口的主要畜产品，在出口创汇和支援经济建设方面起着重要作用。猪粪是农村有机肥料的重要组成部分，是农牧结合的纽带，对促进农业生产和生态的良性循环起着重要作用。

（二）养猪场的生产管理

1. 猪群类别的划分

在养猪场中，为了有计划地组织生产和更好地根据各类猪的特点进行饲养管理工作，应对不同年龄、体重、性别和用途的猪划分不同的群。这有利于建立合理的劳动组织、实行科学的饲养管理和编制统计报表。目前养猪生产中将猪群一般划分为以下4种类别。

（1）哺乳仔猪，指初生到断奶前的仔猪。

（2）断奶仔猪，指断奶后到70日龄左右的幼猪。由于猪的品种变化和饲养管理技术与配合饲料的改进，各规模猪场的猪育成阶段，是指35~70日龄（即8~25千克）的幼猪。

（3）生长育肥猪，指25~90千克阶段的肉猪。目前在规模较大、生产水平较高的猪场中，用作商品生产的猪只，母猪不去势，一般采用直线育肥法，生长阶段与育肥阶段难以划分，所以，多称生长育肥猪。但在科研单位，一般以体重大小来区别，25~60千克阶段称为生长猪，60~90千克阶段称作育肥猪。

（4）繁殖猪，繁殖猪群包括后备公、母猪，鉴定公、母猪和成年公、母猪（或基础公、母猪）。为了不断提高猪群质量，留作种用的猪需经多次鉴定，认为合格者才转入基础群。所以，一般又将繁殖猪较细地分成以下群别：后备猪指从25千克起到开始配种以前，暂时选留的公、母猪，公的叫后备公猪，母的叫后备母猪；鉴定公猪是指8月龄以后参加过配种，但仍待选择的年轻公猪；鉴定母猪是指已产过1~2胎的1岁半左右，但仍待选择的年轻母猪；成年公猪是指经过鉴定合格的1岁半以上的公猪；成年母猪是指经鉴定合格的1岁半以上的母猪；淘汰猪是指失去种用价值的后备或成年公、母猪，因久病不愈或因伤致残的生长肥猪。各类猪群在养猪生产总体活动中具有各种不相同的作用。

2. 猪群结构

猪群结构是指各种类别和各种年龄的猪在整个猪群中所占的比例。决定猪场猪群结构的原则是：首先坚持自繁自养，质量可靠又经济；其次应当特别重视选择品质优良的青壮年猪作为基本的繁殖猪群，因为繁殖猪群的更新，不是简单地以青壮年猪只代替生产性能较低猪只的过程，而是猪群质量不断提高的过程。提高猪群的生产性能，则是提高产品率和劳动生产率的重要途径。所以经营者必须使品质优良的青壮年猪在基础群中保持80%~85%的比例。同时还要考虑这些基础猪群的品种应适合当地的需要和自然经济条件。

由于猪群扩大再生产的规模、速度与繁殖猪群在整个猪群中所占的比重有很大关系，因此，在任何一个猪场内，要保证有一个正常的繁殖群，包括公猪、基础母猪及后备猪。这3个群在全部猪群中所占比例，应以基础母猪群为基础，因为基础母猪是直接生产者，它的比重大小，决定着猪群的增长速度。至于基础母猪占存栏猪的比例多少，应根据养猪场的生产目的而有所不同。公猪和后备猪占猪群中的比例，取决于基础母猪的头数。因此，在确定这两类猪群的比例时，可以根据它与基础母猪的比例来推算。公猪与基础母猪的比例，在采用自然交配情况下，一般为

1：(20~30)，如果采用人工授精，公猪数量可大大减少；后备猪为每年应淘汰和补充的基础母猪数的2~3倍，公猪为5~9倍。

3. 猪群的组成和周转

后备猪成熟后（8~9月龄），经配种转为鉴定猪群。公猪经鉴定，生产性能良好的转入基础猪群，不合格者淘汰育肥。鉴定母猪分娩后，根据其产仔情况、哺育情况来确定它是转入基础母猪群中作核心母猪或一般繁殖用，还是淘汰育肥。核心群产的仔猪断乳后，经选择后再转群。基础母猪5岁以后，生产性能降低者淘汰育肥。公猪利用4~5年后，进行同样处理。

4. 养猪场生产计划的编制

规模较大的综合性养猪场要根据生产任务，确定相应的分娩方式，编制交配分娩计划。

养猪场的分娩方式分为全年陆续分娩和季节性分娩两种，这两种分娩方式各有优缺点，全年陆续分娩有利于猪舍的充分利用，平衡公猪的配种负担，缓和生产的季节性，而季节性分娩可以避开夏、冬两季较差的气候条件，提高产仔成活率。同时还可以通过产仔季节的安排，把育肥期安排在青绿饲料充足的季节，以利于育肥猪的生长发育。

（三）提高养猪场经济效益的主要措施

养猪场的主要生产目的是盈利，其产品应具备低成本、高质量、适合市场需要等特点。为此，要提高养猪场的经营效益，既要制定正确的经营决策，使产品具备市场竞争能力，销路通畅，又要采用先进的科学技术，提高产量，降低成本，同时还要抓好生产过程中的经营管理工作。

1. 科学饲养

猪场为适应自己的生产需求，要讲究科学养猪，如饲养良种猪，饲喂全价配合饲料，实行科学管理，掌握适时出售屠宰，提高瘦肉率，适应消费需要。

2. 适度规模经营

农村养猪场规模的大小与经济效益的高低，并不是任何时候都成正比例，只有当生产要素的投入规模与本场经营管理水平相适应，而产品又适销对路时，才能获得最佳经济效益。

3. 掌握市场信息，打开流通渠道

销路不畅，不能按时出售，势必增大饲养成本，减少销售收入。

4. 经营形式灵活多样

一业为主，多种经营有利于发挥养猪场各类劳动力和生产设备的作用，有利于各业的调剂，获得综合经营效益。

5. 多层次联合经营

近年来在农村发展产业化过程中，普遍采用“公司+农户”及“联合体经营”的方式，可以汇集生产要素包括资金、技术、饲料、信息等，发挥各自优势。

二、养牛业的生产管理

（一）养牛业的生产特点

牛是具有多种用途的大家畜，它既可为人民生活提供肉、奶等畜产品，又可为食品工业、医药工业等提供肉、奶、皮、毛、内脏、骨、角等原料，还可为农业提供挽力、大量优质有机肥料，从而促进农业生态系统良性循环。牛肉、牛奶、牛皮及其制品，均是国际国内市场上的畅销商品，也是我国出口创汇的重要物质。牛是食草动物，具有耐粗饲、抗病力强、适应性广、死亡率低等特点。在草原牧区养牛几乎不用精料，不与人争粮，是一种成本低、效益好的节粮型畜牧业。

改革开放以来，随着经济的发展和人民生活水平的提高，人们的膳食结构得到了改善。“肉牛热”随之升温，黄牛改肉牛广泛展开，成效卓著。通过技术推广，引进国外优良种牛，建立了肉牛供种体系和冷冻精液配种体系，使肉牛的配种改良技术广泛用于养牛业生产，工厂化肉牛生产在一些经济发达的农区得到广泛应用。

（二）牛场的生产管理

1. 制订牛群周转计划

牛群中由于死、杀、购、销等原因，在一定时间内，牛群结构发生增减变化，牛群结构的这种增减变化称为牛群周转。牛群周转计划是牛场生产的最主要计划，直接反映年终牛群结构状况，表明生产任务完成情况；是编制产品计划的基础；也是制订饲料计划、建筑计划、劳力计划等的依据。依据市场销售计划、生产目标、确定牛群周转方式，实行全进全出制或流水循环制，编制出进出牛的批次、数量和时间，写出书面计划和牛群周转表。

2. 制订牛场饲草料计划

编制饲草料计划时，要根据牛群周转计划，按全年牛群的年饲养日数乘以各种饲料的日消耗定额，然后把牛群所需各种饲草料的总数相加，再增加 5%～10% 的损耗量，即为全年饲草料的总需要量。

3. 制订产品生产计划

编制乳牛场产奶量计划时，必须掌握以下材料：计划年初泌乳母牛头数和去年产犊的时间；计划年母牛和后备母牛分娩的头数与时间，各个母牛泌乳曲线（以纵坐标为泌乳量，横坐标为泌乳日期，绘制成坐标图并连接起来，即为一个乳牛泌乳期的泌乳曲线）。

由于乳牛产奶量受多种因素的影响，计算产奶量时按各头母牛分别计算，然后汇总即为全部产奶量。采取分别计算时，要确定每头产奶母牛一个泌乳期的产奶量和泌乳期各不同月份的产奶量。某头母牛一个泌乳期的产奶量是根据该头母牛上一个泌乳期、以前几个泌乳期的产奶量、计划年饲养管理条件的变化等因素综合考虑后而确定的。泌乳期各不同月份的产奶量是根据该母牛以前的泌乳曲线，先计算出泌乳期各月产奶量的百分比，然后再乘以泌乳期的产奶量后得到的。第一次产犊母牛的产奶量可根据它们母系的产奶量记录及其父系的特征等进行估算。

4. 制订技术实施方案

技术是影响规模化养殖场生产好坏的关键，技术水平直接影响牛场的经济效益。因此必须重视新技术的引进、吸收、消化和对职工的技术培训，确保本场用最新技术指导生产、促进生产。同时要研究市场需求、竞争对手、市场价格和发展趋势，分析运筹牛群的动态平衡，加速周转，利用市场经济规律搞好产销，提高经济效益。

技术方案应包括：职工技术培训计划、各牛舍技术实施要点、技术员工作要点、新技术应用效益检查总结、卫生防疫制度落实措施、定期进行技术经济效果的分析等。

三、养羊业的生产管理

（一）养羊业的生产特点

羊是典型的草食家畜，提供的肉、奶、油、毛、绒、皮等产品越来越成为食品工业和轻纺、皮革工业的重要原料来源。羊属于反刍动物，适应性很强，饲草料利用范围非常广泛，在我国各地都有饲养。

（二）羊场的分群管理与羊群结构

规模较大的羊场，羊群按性别、年龄、用途进行分群。分群有两个优点：一是便于根据不同羊群的特点进行饲养管理；二是便于掌握羊群中各种羊的变动，以利于科学合理地进行畜群再生产。一般羊群可分为羔羊、后备母羊、成年母羊、后备公羊、种公羊、淘汰育肥羊和去势羯羊等羊群。实行分群饲养，无论从技术上看还是从经济上看都是必要的。羊群的大小受多种因素影响，其中有羊的品种、年龄，草原的地形地势、特点，劳动力的多少，经营管理水平的高低等。例如，种羊群一般小于生产群，生产性能高的羊群一般小于生产性能低的羊群；草原地形复杂、植被不良，难以放牧管理，羊群也要小些。羊的分群一般在秋季配种前结合整群进行，整群时将准备淘汰的羊只分出来，然后将该转入各不同羊群的羊只分别转入相应的羊群。

羔羊是指出生后未断奶的小羊，其繁殖成活数的多少与维持羊群再生产有密切关系，因为它是补充各种用途的羊的来源。羔羊的数量多少又与适龄母羊数的多少及繁殖成活率高低有密切关系。羔羊断奶后首先选留够后备公羊和后备母羊，其余作为去势羯羊。后备母羊是用于补充更新成年母羊的，经选种后不符合要求的则去势用于剪毛或育肥，符合要求的交配受孕后即成为成年母羊。成年母羊一般使用 6 年左右，当牙齿脱落或有不易医治的疾病，即可提前淘汰。后备公羊是专门用于补充更新种公羊的，经选种后不符合要求的也要去势用于剪毛或育肥，符合要求的一般在 12~18 月龄成熟后开始使用，一般约使用 5 年，年老后育肥淘汰。

羊群结构是指不同年龄、性别和用途的羊在整个羊群中所占的比重。羊群结构决定于养羊业的生产方向。毛用养羊业主要是为了生产更多的羊毛，一般饲养较多的去势羊，去势羊所占的比例往往较高，而母羊由于产毛量较低，其比例就低些；肉用或肉脂用养羊业，幼羊或去势羊往往育肥至 1 岁左右就出售屠宰，母羊在羊群中的比例就较高，尤其是采用当年羔羊育肥出售屠宰的季节性生产方式，其适龄母羊比例要求更高，一般应在 70% 以上；生产羔皮的养羊业，由于羔羊出生两三天或者是1个月左右就屠宰取皮，同时很少饲养去势羊，因此，母羊在羊群中的比例也高；种羊场为了获得大量高质量的幼羊供种用或出售，母羊在羊群中的比例也较高；种公羊在羊群中所占比例与所采取的交配分娩方式有密切关系，采用自然交配方法时一只种公羊在一个交配季节（40天左右）可交配50只左右的母羊，采用人工授精方式时一只种公羊的精液可配200~1 000只母羊。除种公羊外，一般养羊场还配备一定数量的试情公羊。应该指出的是，羊群结构的合理程度只是相对的，没有一个绝对统一的结构模式，地区、生产和管理条件、饲养品种、生产方向不同，羊群结构也会不一样。

（三）羊群交配分娩计划和周转计划的编制

一般养羊场必须贯彻自繁自养方针，严格控制屠宰优良适龄母羊并严格编制交配分娩计划，力争做到适龄母羊的全配、全怀、全生及所生羔羊的全活、全壮，以扩大后备羊来源。我国养羊业大多集中在草原牧区，草原牧区养羊主要采取放牧饲养和季节性交配分娩方式。分娩季节有冬、春两季，冬季分娩一般在11—12月前后，春季分娩一般在3—4月。

编制羊群交配分娩计划和周转计划时，必须掌握以下材料：计划年初全场羊群中各类羊的实有只数；去年交配今年分娩的母羊数；计划年生产任务的有关指标；计划确定的母羊受胎率、产羔率和繁殖成活率。

四、养鸡业的生产管理

（一）养鸡业的生产特点

鸡属杂食性禽类，饲料的利用范围较广，鸡的个体小、生长快、成熟早、繁殖力强；鸡的饲养既可进行小群散养，又能大规模工厂化饲养，和其他家畜相比，鸡的饲料转化率高，据报道，国外先进的养鸡业肉料比已达1：(1.8~2)，蛋料比1：2.2左右；养鸡的生产周期短、资金周转快、经济效益高。因此，养鸡在我国广大农村、城市极为普遍，农村几乎是家家户户都养，大中城市和郊区机械化、半机械化大规模养鸡场和城郊农民的专业户养鸡也很普遍。

(二) 养鸡场的生产管理

1. 编制生产计划

养鸡场，尤其是那些现代化养鸡场，属于资金、技术都较为密集的集约化经营企业，其生产经营的内容也较为复杂。因此，对其生产经营的供、产、销各个环节都必须制订周密而可靠的计划，才能保证生产经营的正常进行。一般来说，规模较大的养鸡场在年度生产经营过程中应制订和执行以下计划。

(1) 雏鸡孵化计划。编制孵化计划的目的，在于保证后备鸡、饲养肉仔鸡和出售雏鸡的需要。种鸡场和自繁自养的鸡场都必须有孵化计划。孵化计划的主要内容包括孵化时期、种蛋来源和孵出雏鸡数。

(2) 鸡群周转计划。在自繁自养综合经营的养鸡场中，鸡群构成一般分为：种公鸡、种母鸡、产蛋母鸡、育成鸡、肉用鸡、雏鸡、成年淘汰鸡。

(3) 产品生产计划。养鸡场的产肉计划比较简单，根据周转计划中所能提供肉用鸡数和成年淘汰鸡数，按一定的宰杀重量计算即可。产蛋计划可根据各月平均饲养的产蛋母鸡数和一定的产蛋率计算出各月的产蛋总数。如养鸡场饲养几个不同品种的蛋鸡，则可按不同品种分别制订各月的产蛋计划，然后汇总为全部的产蛋计划。

饲养日产蛋数取决于品种、年龄、季节和饲养条件等因素。

在制订产蛋量计划时，饲养日产蛋率参照过去条件基本相似的历年记录和计划年生产条件的改善情况确定的。

2. 制定饲养管理操作技术规程

根据现行良种鸡饲养的供种厂家提供的技术资料，结合本场的生产条件制定育雏鸡、育成鸡、产蛋鸡饲养管理操作技术规程，便于在生产中对照执行。

3. 生产设备管理

现代化养鸡场具有一定的生产设备，包括大型孵化机、备用发电机、鸡笼、通风换气扇、饲料加工机械、自动喂料系统、清粪机械等设备，要做到有专人管理，经常维护保养，保证生产过程的顺利进行。

4. 养鸡场的安全生产及兽医卫生防疫制度的贯彻落实

养鸡场安全生产的第一位是落实兽医卫生防疫，保证家禽的健康才能完成生产指标。一般各养鸡场都有一套完整的卫生防疫制度，如何贯彻落实是关系到养鸡场生存的头等大事，管理人员要有高度的责任感，树立“预防为主，防重于治”的思想。

5. 生产统计分析

养鸡场年度计划的完成，在于科学、严密地组织年内的生产过程和各项作业，经常核算收支情况。为此，必须做好各项生产记录和月统计报表，主要有育雏记录、产蛋鸡记录、饲料消耗记录、鸡群收支月报表等。养鸡场在年度生产中要对每一品种的鸡制定出成活率、产蛋率、活重和饲料消耗等多项指标，将生产记录和所定指标作比较，检查其是否达到所定指标并分析、查明原因，及时发现问题，迅速采取对策。如决定鸡群选留、淘汰、更换、扩大或缩小，还是保持现有生产规模，及时改进有关技术，改善操作管理，以便降低成本，减少损失，增加鸡场的经济收益。

（三）提高养鸡场经济效益的主要途径

1. 建立健全各种生产责任制，做好养鸡场的劳动管理

劳动支出是养鸡场生产费用中占比较大的一部分，要培养一支特别能吃苦和工作责任心强的职工队伍，改善生产条件，不断提高劳动生产率，增加从业人员的收入。

2. 努力降低饲料消耗，不断提高饲料报酬

在一般养鸡场，饲料费用占成本的60%~70%。因此，养鸡场能否降低饲料消耗，不断提高饲料报酬成为其能否盈利的关键。养鸡场不仅要解决饲料来源和保证不断供应问题，还必须重视饲料费用的节约。有条件时最好自己加工生产配合饲料，根据当地原料价格的变化，不断调整饲料配方，以降低饲料成本。在节约饲料方面应尽量减少饲养环节的浪费，选择和培育生长快、饲料报酬高的优良鸡种。

3. 加强卫生防疫，尽量减少死亡率

任何一个养鸡场，鸡的死亡率高低是经营成败的关键。在生产的各个环节上采取切实有效的具体措施，严格防止各种传染病的发生，尽量减少鸡常见病的发病率，降低死亡率就是增加效益。

4. 采用新技术，提高生产水平

我国工厂化养鸡起步晚，但发展速度快，总产量增长迅速。由于技术水平和健康不良等综合因素，每只鸡单产、饲料消耗等主要生产水平都较低，一些指标与国际水平差距较大，具有很大的生产潜力，目前提高生产性能仍要从常规实用技术和管理上下功夫。

5. 实行一体化经营

现代化养鸡生产分为如下 8 个环节：种鸡繁育、种蛋孵化、饲料生产、商品肉鸡生产、商品蛋鸡生产、肉鸡屠宰加工与深加工、蛋粉加工、产品销售。大规模养鸡场的这些环节都在场长领

导之下，执行统一计划，统一核算，称作一体化经营。大而全是现代化养鸡生产一体化经营发展的必然趋势，小而全在我国现阶段生产也很重要，可以协调各生产环节的利益分配，保证主产品的质量稳定，占领一定的市场。

6. 强化经营管理

养鸡场的管理问题遍及整个供应、生产、销售的全过程，在每一个生产环节都必须注重管理，健全各种定额、责任制和规章制度，使养鸡场的管理规范化、制度化与科学化，提高养鸡场的经济效益。

第三节　渔业的生产管理

一、渔业的生产特点

渔业的生产经营同种植业、畜牧业相比，有着自己的特点和要求，在渔场的经营管理中应注意体现出来。

（一）以水域为依托

非耕地的水域是渔业生产的基本生产资料，不同的水生动植物能在不同层次的水域中生长栖息，因而水域可以立体利用。所以渔业养殖要实行分层投苗、混养、密养；海洋捕捞也要充分合理地利用各水层的渔业资源。

（二）流动性强

近海和江湖的许多鱼、虾、蟹有索食、生殖和越冬的洄游移动规律，因而捕捞生产要适应渔场的变化，及时移动作业场地，以提高渔获量和渔业经济效益。

（三）消耗能量低，饲料转化率高

鱼类在自身的繁殖和新陈代谢过程中，消耗的能量较少，其

物质和能量的转化率超过家禽、家畜。如产 1 千克鱼肉、鸡肉和猪肉所需要的配合饲料，分别为 1.3~1.5 千克、2.6~2.8 千克和 3 千克以上。因而经营渔业能使家庭农场获得较多的利润。

（四）大量的水产资源具有共有性

海洋及内陆较大的水域为国家所有，公海为国际公有，水产品则归各个国家和各个生产单位所有。内陆的江河湖泊及近海水域，分属不同行政单位管辖，而渔业生产却往往跨行政区域进行。这就给渔政管理带来一定的复杂性。水产资源是有限的，要求合理利用和保护，制止滥捕过捞。

二、渔业的生产管理

（一）淡水渔业生产的组织

各地渔场一般实行水、种、饵、混、密、轮、防、管八字精养法。水、种、饵是精养的物质基础，混、密、轮是实行精养的技术措施，防和管则是获得精养效益的保证。这些环节互为条件、相互制约，要很好地组合，使之配置得当。

根据许多渔场的实践经验，渔业生产过程有着严格的要求。

1. 精养鱼池的要求

面积适中，一般为 10 亩左右；池水较深，一般在 2.5 米左右；有良好的水源和水质，注水、排水方便；池形整齐（呈东西长而南北宽的长方形），堤埂较高（大水不淹）、较宽（面宽至少 2 米，种植饵料作物）。

2. 鱼类合理混养的类型

在池塘中进行多种鱼类、多种规格的混养，可以全面合理经济地利用水体和饵料，发挥养殖鱼类的互利作用，既能使食用鱼高产，均衡供应市场，满足消费者的不同需要；又能生产出不同种类、不同规格鱼，获得高产高效。高产渔场大都有 7~10 种鱼混养在同一池塘，而且每种鱼有3种以上的规格。但不能随意投放鱼种，不合理混养；而是要根据鱼类的生物学特征、池塘生产条件、养殖技术与管理水平，以及历史习惯等，合理确定混养类型，适当安排主养鱼类和配养鱼类。如肥料充裕，可以鲢鱼、鳙鱼、鲮鱼、罗非鱼等为主养鱼；草类资源丰富，可以草鱼和鲢鱼、草鱼和团头鲂为主养鱼；螺、贝类资源较多，可以青鱼和鲤鱼为主养鱼；商品饵料充足，可以青鱼、草鱼和鲤鱼为主养鱼。

3. 合理放养密度的确定

合理放养密度是指在能养成商品规格食用鱼或预期大小的鱼种前提下，能够达到最高鱼产量的放养密度。它取决于下列因素：池塘条件，达到前述精养要求的，放养密度可适当增加，否则，放养密度就要减少；混养多种鱼类的池塘，放养量可大些，单养一种鱼类或混养种类少的池塘，放养量则相对要小些，放养的鱼种个体较大，放养尾数应较少而放养重量应较大，否则反之；饵料充足，管理精细，养鱼经验丰富，技术较高，设备较好（如有增氧机和水泵等），可以增加放养量，否则相应少放养，往年的不同放养量、产量和产品规格等，也应作为重要参考依据。

4. 轮捕轮放方法

轮捕轮放是分期捕鱼和适当补放鱼种，以提高单位面积产量、产值。轮捕轮放与混养密养互为条件，其具体方法：一是捕大留小，即一次投放和饲养不同规格或相同规格的鱼种，分期捕出达到食用规格的鱼，较小的鱼则留池继续饲养，不再补放鱼种；二是捕大补小，即分批捕出食用鱼之时，补放鱼种，以养成食用鱼或大规格鱼种。在食用鱼池套养鱼种，能较好地解决食用鱼高产和大规格鱼种供应不足的矛盾。如按重量计算，年终由食用鱼池套养出的鱼种，要大于年初放养的鱼种重量。这就能使渔场做到鱼种自给，并可压缩鱼种池面积，扩大食用鱼养殖面积。

5. 鱼种放养的时间

长江流域一般在春节前放养完毕。华南地区更有条件提早放养。华北及东北的放养时间，一般在融冰以后，水温稳定在5~6 ℃时进行。在水温较低的季节放养，便于捕捞放养操作。因为这时鱼类活动力弱，不易伤亡。早放养可以早开食、获高产。冬季放养鱼种要选在天晴日暖时进行。

6. 放养鱼种的规格

一般宜大不宜小。大规格鱼种成活率高、成长快，是增产的重要条件。不同鱼类、不同地区和不同的饲养方法，对鱼种规格的要求各有区别。

（二）淡水鱼的饲养管理

在高密度混养的池塘里，要使塘鱼正常生长发育，并获得高产，必须投放人工饵料和施肥。

1. 投饵

投放饵料要新鲜、多样化，经常更换种类，还要尽量做到按鱼的食欲投饵。池塘养殖的一般鱼类，在水温 10 ℃左右开始吃食，10 ℃以下停食。要早投食、迟停食。各渔场要广辟饵料来源，并且合理配料，定时定量投放饵料。

2. 施肥

施肥可以使水变肥，繁殖浮游生物等，增加鱼类不可缺少的天然饵料。鱼池主要施有机肥、混合肥，如各种粪便和草肥等。施肥要适时适量。瘦水池塘及新建池塘，应在冬末早春，水温4~5 ℃时施基肥，施肥量视水质的肥瘦而定。之后还要施追肥，追肥时间和数量以保持水色呈嫩绿色或棕褐色为宜。

3. 加强管理

一切养鱼措施都要通过有效的管理，才能发挥作用。精养鱼塘必须由专人负责，建立岗位责任制，加强日常管理，保证鱼类安全。

第六章 家庭农场质量管理与品牌建设

第一节 农产品质量安全管理

一、农产品与农产品质量安全的概念

（一）农产品

根据《中华人民共和国农产品质量安全法》第二条的规定：农产品是指来源于种植业、林业、畜牧业和渔业等的初级产品，即在农业活动中获得的植物、动物、微生物及其产品。《食用农产品市场销售质量安全监督管理办法》指出，植物、动物、微生物及其产品，指在农业活动中直接获得，以及经过分拣、去皮、剥壳、干燥、粉碎、清洗、切割、冷冻、打蜡、分级、包装等加工，但未改变其基本自然性状和化学性质的产品。

（二）农产品质量安全

随着经济的发展，人民生活水平不断提高。现在人们不仅要求吃得饱，而且还要求吃得好，也就对农产品质量的要求越来越严格。通常所说的农产品质量既包括涉及人体健康、安全的质量要求，也包括涉及产品的营养成分、口感、色香味等非安全性的一般质量指标。广义的农产品质量安全是农产品数量保障和质量安全，《中华人民共和国农产品质量安全法》对农产品质量安全的定义为：农产品质量达到农产品质量安全标准，符合保障人的

健康、安全的要求。“数量”层面的安全是“够不够吃”，“质量”层面的安全是要求食物的营养卫生，对健康无害。狭义的农产品质量安全是指农产品在生产加工过程中所带来的可能对人、动植物和环境产生危害或潜在危害的因素，如农药残留、兽药残留、重金属污染、亚硝酸盐污染等。

农产品来源于动物和植物，受各种污染的机会很多，其污染的方式、来源及途径是多方面的，在生产、加工、运输、储藏、销售、烹饪等各个环节均可能出现污染，因此食用农产品质量安全不仅仅局限于生物性污染、化学物质残留及物理危害，还包括如营养成分、包装材料及新技术等引起的污染。

农产品质量安全必须符合国家法律、行政法规和强制性标准的规定，满足保障人体健康、人身安全的要求，不存在危及健康和安全的危险因素。农产品中不应含有可能损害或威胁人体健康的因素，不应导致消费者急性或慢性毒害，或感染疾病，或产生危及消费者及其后代健康的隐患。

二、农产品质量安全管理的特点

（一）管理科学化

遵循国际通行的农产品质量安全管理的风险评估与全程追溯理论。国务院农业农村主管部门应当设立由农业、食品、营养、生物、环境、医学、化工等方面专家组成的农产品质量安全风险评估专家委员会，对可能影响农产品质量安全的潜在危害进行风险分析和评估。国务院卫生健康、市场监督管理等部门发现需要对农产品进行质量安全风险评估的，应当向国务院农业农村主管部门提出风险评估建议。国务院农业农村主管部门应当根据农产品质量安全风险监测、风险评估结果采取相应的管理措施，并将农产品质量安全风险监测、风险评估结果及时通报国务院市场监督管理、卫生健康等部门和有关省、自治区、直辖市人民政府农业农村主管部门。

(二) 生产规范化

各级各类农业生产经营主体必须明确农产品标准化生产、规范化管理的规定。国家应鼓励支持农业生产经营主体生产优质农产品，禁止生产、销售不符合国家规定农产品质量安全标准的农产品；禁止在特定农产品禁止生产区域种植、养殖、捕捞、采集特定农产品和建立特定农产品生产基地；禁止违反有关环境保护法律、法规向农产品产地排放或者倾倒废水、废气、固体废物或者其他有毒有害物质。农业生产用水和用作肥料的固体废物，应当符合法律、法规和国家有关强制性标准的要求；农产品在包装、保鲜、储存、运输中使用保鲜剂、防腐剂、添加剂、包装材料等，也应符合国家有关强制性标准以及其他农产品质量安全规定，通过净化产地环境，提高农业标准化生产水平，确保农产品质量安全。

(三) 市场准入严格

农产品市场准入就是经有资质的认证机构或权威部门认证（认定）的安全农产品（包括绿色食品、有机食品、承诺达标合格证产品），或经检验证明其质量安全指标符合国家安全卫生、无公害或检疫等方面的法律、法规、标准及其他质量安全方面规定的农产品准予上市交易和销售，对未经认证（认定）或检测（检疫）不合格的农产品，不准上市交易和销售的制度规定。随着人们生活水平的逐渐提高，人们越来越关注食品的安全和身体健康。然而，由于农产品生产环境污染，农药、化肥使用不当和不法奸商的恶意行为，致使农产品中残留的有毒有害物质严重超标。通过严格的市场准入机制倒逼生产、销售单位及个人规范行为。

（四）法定责任明确

为确保农产品质量安全，必须明确规定农产品生产者、销售者、技术机构和管理者的法律责任。应按照“地方政府负总责、监管部门各负其责、生产经营者是第一责任人”的要求，着力构建“分兵把守、协调配合、全国一盘棋”的监管机制。要进一步明确各级农业农村部门在农产品质量安全监管过程中的职责和任务，尽快建立权责一致的农产品安全监管业绩考核评价机制，推动各地将农产品质量安全监管纳入地方政府绩效考核重点，积极做好农业农村部农产品质量安全监管绩效管理在省级农业农村部门的延伸试点工作。对在农产品质量安全监管工作中的失职、渎职行为，要依据法律法规，严肃问责。

（五）监督公正化

应使公众和被监管对象有反映问题、陈述理由的公共信息传递平台和通道。《中华人民共和国农产品质量安全法》明确规定：农产品生产经营者对监督抽查检测结果有异议的，可以自收到检测结果之日起五个工作日内，向实施农产品质量安全监督抽查的农业农村主管部门或者其上一级农业农村主管部门申请复检。因检测结果错误给当事人造成损害的，政府部门和相关机构依法承担赔偿责任。国家鼓励消费者协会和其他单位或者个人对农产品质量安全进行社会监督，对农产品质量安全监督管理工作提出意见和建议。任何单位和个人都有对农产品质量安全违法行为进行检举控告、投诉举报的权利。生产、销售农产品给消费者造成损害的，农产品生产者、销售者依法承担赔偿责任。若在农产品批发市场中销售的，消费者可直接向农产品批发市场要求赔偿。

（六）监督全程化

对农产品实施生产、流通环节全程质量安全进行监管。县级以上人民政府农业农村主管部门和市场监督管理等部门应当建立健全农产品质量安全全程监督管理协作机制，确保农产品从生产到消费各环节的质量安全。县级以上人民政府农业农村主管部门应当根据农产品质量安全风险监测、风险评估结果和农产品质量安全状况等，制订监督抽查计划，确定农产品质量安全监督抽查的重点、方式和频次，并实施农产品质量安全风险分级管理。监督抽查检测应当委托符合《中华人民共和国农产品质量安全法》第四十八条规定条件的农产品质量安全检测机构进行。监督抽查不得向被抽查人收取费用，抽取的样品应当按照市场价格支付费用，并不得超过国务院农业农村主管部门规定的数量。上级农业农村主管部门监督抽查的同批次农产品，下级农业农村主管部门不得另行重复抽查。县级以上地方人民政府农业农村主管部门应当加强对农产品生产的监督管理，开展日常检查，重点检查农产品产地环境、农业投入品购买和使用、农产品生产记录、承诺达标合格证开具等情况。

三、农产品质量安全控制要求

（一）内部质量控制人员

（1）至少有一名内部质量控制人员负责生产过程的质量管理，内部质量控制人员应当定期接受农产品质量安全知识培训，熟知国家农产品质量安全管理要求和标准化生产操作规范并积极推动实施落实。

（2）建立质量安全责任制，明确管理人员和重点岗位人员职责要求，关键岗位生产人员健康证齐全且有效（适用时）；国家对相关产品生产、加工从业人员有其他要求的应执行国家相关规定。

（3）定期对内部员工、社员农户等进行质量安全生产管理与技术培训。

（二）产地环境管理

产地环境条件应符合相关产品产地环境标准要求，不在特定农产品禁止生产区域生产特定农产品。产地周边环境清洁，无生产及生活废弃物，水源清洁，无对农业生产活动和产地造成危害或潜在危害的污染源，畜牧业生产主体应建有病死畜禽、污水、粪便等污染物无害化处理设备设施且运转有效。水产养殖主体应开展养殖尾水净化，排放的废水应达到相关排放标准。

（三）质量控制措施和管理制度

（1）建立或收集与所生产农产品质量安全相关的产地环境、生产过程、收储运等全过程质量安全控制技术规程和产品质量标准，收集并保存农产品质量安全相关法律法规及现行有效的有关标准文件。

（2）建立并落实关键环节质量控制措施、人员培训制度、基地农户管理制度（适用时）、卫生防疫制度和消毒制度（畜牧业适用）、动物疫病及植物病虫害安全防治制度、投入品管理制度以及产地环境保护措施等；分户生产的，还应建立农业投入品统一管理和产品统一销售制度。

（3）在种植、养殖区范围内合适位置明示国家禁用农药兽药、停用兽药和非法添加物清单。

（4）产品收获、出栏应严格执行农药安全间隔期、兽药休药期规定。

（5）建立生产过程记录、销售记录等并存档，生产过程记录应包括使用农业投入品的名称、来源、用法、用量和使用、停用日期，动物疫病、植物病虫草害的发生和防治情况，收获、出栏、屠宰或捕捞日期等信息。生产记录档案至少保存两年。

（6）鼓励使用信息化、智能化手段保存记录档案。

（四）农业投入品管理

（1）通过正规渠道购买农业投入品，不购买、使用、贮存国家禁停用的农业投入品，索取并保存购买凭据等证明资料。

（2）养殖者自行配制饲料的，严禁在自配料中添加禁用药物、禁用物质以及其他有毒有害物质。

（3）进行自繁种源时应符合国家相关规定。自制或收集的其他投入品，应符合相关法律法规和技术标准要求。

（4）配备符合要求的投入品贮存仓库或安全存放的相应设施，按产品标签规定的贮存条件分类存放，根据要求采用隔离（如墙、隔板）等方式防止交叉污染，有醒目标记，专人管理。

（5）配有具备一定专业知识和技术能力的农技人员指导员工规范生产，遵守投入品使用要求，选择合适的施用器械，适时、适量、科学合理使用投入品。对变质和过期的投入品做好标记，回收隔离禁用并安全处置。

（五）废弃物和污染物管理

（1）设立废弃物存放区，对不同类型废弃物分类存放并按规定处置，保持清洁。

（2）及时收集质量安全不合格产品、病死畜禽、粪便等污染物并进行无害化处理，有条件的应当建立收集点集中安全处理。

（六）产品质量

销售的农产品质量应符合食品安全国家标准。有条件的生产主体在产品上市前要开展自检或委托检测。

（七）包装和标识

包装的农产品应防止机械损伤和二次污染。包装和标识材料符合国家强制性技术规范要求，安全、卫生、环保、无毒，无挥发性物质产生。

（八）产后处理

（1）产后处理和贮藏区域设有有害生物（老鼠、昆虫等）防范措施，定期对员工进行卫生知识培训和健康检查，及时清洁和保养设施设备。

（2）使用的防腐剂、保鲜剂、添加剂、消毒剂，应符合国家强制性规范要求并按规定合理使用、储存，同时做好记录。

（3）根据农产品的特点和卫生需要选择适宜的贮藏和运输条件，必要时应配备保温、冷藏、保鲜等设施。不与农业投入品及有毒、有害、有异味的物品混装混放。

第二节　农产品质量安全认证

一、绿色食品认证

2022 年最新修订的《绿色食品标志管理办法》指出：中国绿色食品发展中心负责全国绿色食品标志使用申请的审查、颁证和颁证后跟踪检查工作。省级人民政府农业行政农村部门所属绿色食品工作机构（以下简称省级工作机构）负责本行政区域绿色食品标志使用申请的受理、初审和颁证后跟踪检查工作。

申请使用绿色食品标志的生产单位（以下简称申请人），应当具备下列条件：能够独立承担民事责任；具有绿色食品生产的环境条件和生产技术；具有完善的质量管理和质量保证体系；具有与生产规模相适应的生产技术人员和质量控制人员；具有稳定的生产基地；申请前三年内无质量安全事故和不良诚信记录。

申请使用绿色食品标志的产品，应当符合《中华人民共和国食品安全法》《中华人民共和国农产品质量安全法》等法律法规规定，在国家知识产权局商标局核定的范围内，并具备下列条件：产品或产品原料产地环境符合绿色食品产地环境质量标准；农药、肥料、饲料、兽药等投入品使用符合绿色食品投入品使用准则；产品质量符合绿色食品产品质量标准；包装贮运符合绿色食品包装贮运标准。

绿色食品认证的程序：申请人提交申请和相关材料，经过文审、现场检查，同时安排环境质量现状调查和产品抽样，检查结果、环境检测和产品检测报告汇总后，合格者颁发证书。证书有效期是3年。绿色食品认证程序如下。

（一）申请

申请人应当向省级工作机构提出申请，并提交下列材料：标志使用申请书；产品生产技术规程和质量控制规范；预包装产品包装标签或其设计样张；中国绿色食品发展中心规定提交的其他证明材料。

（二）受理

省级工作机构应当自收到申请之日起十个工作日内完成材料审查。符合要求的，予以受理，并在产品及产品原料生产期内组织有资质的检查员完成现场检查；不符合要求的，不予受理，书面通知申请人并告知理由。

现场检查合格的，省级工作机构应当书面通知申请人，由申请人委托符合要求的检测机构对申请产品和相应的产地环境进行检测；现场检查不合格的，省级工作机构应当退回申请并书面告知理由。

（三）现场抽样

检测机构接受申请人委托后，应当及时安排现场抽样，并自产品样品抽样之日起二十个工作日内、环境样品抽样之日起三十个工作日内完成检测工作，出具产品质量检验报告和产地环境监测报告，提交省级工作机构和申请人。检测机构应当对检测结果负责。

（四）认证审核

省级工作机构应当自收到产品检验报告和产地环境监测报告之日起二十个工作日内提出初审意见。初审合格的，将初审意见及相关材料报送中国绿色食品发展中心。初审不合格的，退回申请并书面告知理由。省级工作机构应当对初审结果负责。

中国绿色食品发展中心应当自收到省级工作机构报送的申请材料之日起三十个工作日内完成书面审查，并在二十个工作日内组织专家评审。必要时，应当进行现场核查。

（五）认证评审

中国绿色食品发展中心应当根据专家评审的意见，在五个工作日内作出是否颁证的决定。同意颁证的，与申请人签订绿色食品标志使用合同，颁发绿色食品标志使用证书，并公告；不同意颁证的，书面通知申请人并告知理由。

（六）颁证

绿色食品标志使用证书是申请人合法使用绿色食品标志的凭证，应当载明准许使用的产品名称、商标名称、获证单位及其信息编码、核准产量、产品编号、标志使用有效期、颁证机构等内容。绿色食品标志使用证书分中文、英文版本，具有同等效力。

绿色食品标志使用证书有效期三年。证书有效期满，需要继续使用绿色食品标志的，标志使用人应当在有效期满三个月前向省级工作机构书面提出续展申请。省级工作机构应当在四十个工作日内组织完成相关检查、检测及材料审核。初审合格的，由中国绿色食品发展中心在十个工作日内作出是否准予续展的决定。准予续展的，与标志使用人续签绿色食品标志使用合同，颁发新的绿色食品标志使用证书并公告；不予续展的，书面通知标志使用人并告知理由。标志使用人逾期未提出续展申请，或者申请续展未获通过的，不得继续使用绿色食品标志。

二、有机产品认证

国家市场监督管理总局2022年修订的《有机产品认证管理办法》指出：有机产品认证是指认证机构依照本办法的规定，按照有机产品认证规则，对相关产品的生产、加工和销售活动符合中国有机产品国家标准进行的合格评定活动。国家市场监督管理总局负责全国有机产品认证的统一管理、监督和综合协调工作。地方市场监督管理部门负责所辖区域内有机产品认证活动的监督管理工作。国家推行统一的有机产品认证制度，实行统一的认证目录、统一的标准和认证实施规则、统一的认证标志。国家市场监督管理总局负责制定和调整有机产品认证目录、认证实施规则，并对外公布。

有机产品认证机构（以下简称认证机构）应当依法取得法人资格，并经国家市场监督管理总局批准后，方可从事批准范围内的有机产品认证活动。目前认证机构众多，生产者在选择认证机构时一定要注意核实，该认证机构是否经过中国国家认证认可监督管理委员会（CNCA）、中国合格评定国家认可委员会等权威部门认可，拥有正式批准号等。下面以农业农村部主管的中绿华夏有机食品认证中心（China Organic Food Certification Center，简称COFCC）（以下简称认证中心）的认证流程为例，说明申请认证有机产品的工作程序。

（一）申请

（1）申请人登陆www.ofcc.org.cn下载填写《有机产品认证申请书》和《有机产品认证调查表》，下载《有机产品认证书面资料清单》并按要求准备相关材料。

（2）申请人提交《有机产品认证申请书》《有机产品认证调

查表》《有机产品认证书面资料清单》要求的文件，提出正式申请。

（3）申请人按 GB/T 19630—2019《有机产品　生产、加工、标识与管理体系要求》第 4 部分的要求，建立本企业的质量管理体系、质量保证体系的技术措施和质量信息追踪及处理体系。

（二）文件审核

认证中心应当自收到申请材料之日起十日内，完成材料审核，并作出是否受理的决定。审核合格后，认证中心根据项目特点，依据认证收费细则，估算认证费用，向企业寄发《受理通知书》和《有机产品认证检查合同》（简称《检查合同》）。若审核不合格，认证中心通知申请人且当年不再受理其申请。申请人确认《受理通知书》后，与认证中心签订《检查合同》。根据《检查合同》的要求，申请人缴纳相关费用，以保证认证前期工作的正常开展。

（三）实地检查

企业寄回《检查合同》及缴纳相关费用后，认证中心派出有资质的检查员。检查员应从认证中心取得申请人相关资料，依据《有机产品认证实施规则》的要求，对申请人的质量管理体系、生产过程控制、追踪体系以及产地、生产、加工、仓储、运输、贸易等进行实地检查评估。必要时，检查员需对土壤、产品抽样，由申请人将样品送指定的质检机构检测。

（四）撰写检查报告

检查员完成检查后，在规定时间内，按认证中心要求编写检查报告，并提交给认证中心。

（五）综合审查评估意见

认证中心根据申请人提供的申请表、调查表等相关材料以及检查员的检查报告和样品检验报告等进行综合评审，评审报告提交颁证委员会。

（六）颁证决定

颁证委员会对申请人的基本情况调查表、检查员的检查报告和认证中心的评估意见等材料进行全面审查，作出同意颁证、有条件颁证、有机转换颁证或拒绝颁证的决定。证书有效期为1年。

当申请项目较为复杂（如养殖、渔业、加工等项目）时，或在一段时间内（如6个月），召开技术委员会工作会议，对相应项目作出认证决定。

(1) 同意颁证。申请内容完全符合有机标准，颁发有机证书。

(2) 有条件颁证。申请内容基本符合有机产品标准，但某些方面尚需改进，在申请人书面承诺按要求进行改进以后，亦可颁发有机证书。

(3) 有机转换颁证。申请人的基地进入转换期一年以上，并继续实施有机转换计划，颁发有机转换证书。从有机转换基地收获的产品，按照有机方式加工，可作为有机转换产品，即“有机转换产品”销售。

(4) 拒绝颁证。申请内容达不到有机标准要求，颁证委员会拒绝颁证，并说明理由。

（七）颁证决定签发

颁证委员会作出颁证决定后，认证中心主任授权颁证委员会秘书处（认证二部）根据颁证委员会作出的结论在颁证报告上使用签名章，签发颁证决定。

（八）有机产品标志的使用

根据证书和《有机食（产）品标志使用章程》的要求，签订《有机食（产）品标志使用许可合同》，并办理有机/有机转换标志的使用手续。

（九）保持认证

有机产品认证证书有效期为 1 年，在新的年度里，认证中心会向获证企业发出《保持认证通知》。获证企业在收到《保持认证通知》后，应按照要求提交认证材料、与联系人沟通确定实地检查时间并及时缴纳相关费用。保持认证的文件审核、实地检查、综合评审、颁证决定的程序同初次认证。

三、农产品地理标志登记保护

农产品地理标志是指标示农产品来源于特定地域，产品品质和相关特征主要取决于自然生态环境和历史人文因素，并以地域名称冠名的特有农产品标志。此处所称的农产品是指来源于农业的初级产品，即在农业活动中获得的植物、动物、微生物及其产品。农业部于 2007 年 12 月发布（2019 年修订）的《农产品地理标志管理办法》（以下简称《办法》），是专门针对农产品地理标志发布管理的行政法规。《办法》规定，国家对农产品地理标志实行登记制度，经登记的农产品地理标志受法律保护。

1. 申请地理标志登记的农产品

农产品地理标志登记范围是指来源于农业的初级产品，并在《农产品地理标志登记审查准则》规定的目录覆盖的 3 大行业 22 个小类内。

申请农产品地理标志登记的农产品，应当符合下列条件：称谓由地理区域名称和农产品通用名称构成；产品有独特的品质特性或者特定的生产方式；产品品质和特色主要取决于独特的自然生态环境和人文历史因素；产品有限定的生产区域范围；产地环境、产品质量符合国家强制性技术规范要求。

2. 农产品地理标志登记申请人

农产品地理标志登记申请人为县级以上地方人民政府根据下

列条件择优确定的农民专业合作经济组织、行业协会等组织。

(1) 具有监督和管理农产品地理标志及其产品的能力。

(2) 具有为地理标志农产品生产、加工、营销提供指导服务的能力。

(3) 具有独立承担民事责任的能力。

3. 农产品地理标志使用的申请

符合下列条件的单位和个人，可以向登记证书持有人申请使用农产品地理标志。

(1) 生产经营的农产品产自登记确定的地域或范围。

(2) 已取得登记农产品相关的生产经营资质。

(3) 能够严格按照规定的质量技术规范组织开展生产经营活动。

(4) 具有地理标志农产品市场开发经营能力。

4. 农产品地理标志使用的规定

使用农产品地理标志，应当按照生产经营年度与登记证书持有人签订农产品地理标志使用协议，在协议中载明使用的数量、范围及相关的责任义务。

农产品地理标志登记证书持有人不得向农产品地理标志使用人收取使用费。

第三节　农产品品牌建设

一、品牌的概念

品牌是给拥有者带来溢价、产生增值的一种无形的资产，它的载体是用于和其他竞争者的产品或劳务相区分的名称、术语、象征、记号或者设计及其组合，增值的源泉来自消费者心智中形成的关于其载体的印象。

品牌有广义和狭义之分。广义的“品牌”是具有经济价值的无形资产，用抽象化的、特有的、能识别的心智概念来表现其差异性，从而在人们的意识当中占据一定位置的综合反映。狭义的“品牌”是一种拥有对内对外两面性的“标准”或“规则”，是通过对理念、行为、视觉三方面进行标准化、规则化，使之具备特有性、价值性、长期性、认知性的一种识别系统总称。

品牌承载的更多是一部分人对其产品以及服务的认可，是一种品牌商与顾客购买行为间相互磨合衍生出的产物。

二、农产品品牌形成的基础

农产品是人类赖以生存的主要商品，也是质量隐蔽性很强的商品，需要利用品牌进行产品质量特征的集中表达和保护。农产品品牌战略是通过品牌实力的积累，塑造良好的品牌形象，从而建立顾客忠诚度，形成品牌优势，再通过品牌优势的维持与强化，最终实现创立农产品品牌与发展品牌。

1. 品种不同

不同的农产品品种，其品质有很大差异，主要表现在营养、色泽、风味、香气、外观和口感上，这些直接影响消费者的需求偏好。品种间这种差异越大，就越容易使品种以品牌的形式进入市场并得到消费者认可。

2. 生产区域不同

“橘生淮南则为橘，生于淮北则为枳”，说明许多农产品即使种类相同，其产地不同也会形成不同特色。不同区域的地理环境、土质、温湿度、日照、土壤、气候、灌溉水质等条件的差异，都直接影响农产品品质的形成。

3. 生产方式不同

不同农产品的来源和生产方式也影响农产品的品质。野生动物和人工饲养的动物在品质、营养、口味等方面就有很大的差异；自然放养和圈养的品质差别也很大；灌溉、修剪、嫁接、生物激素等的应用，也会造成农产品品质的差异。采用有机农业方式生产的农产品品质比较好，而采用无机农业生产方式生产的农产品品质较差。

三、农产品品牌建设

农产品品牌建设是一项系统工程，一般要注重以下两个方面。

（1）农产品品牌建设内容主要包括质量满意度、价格适中度、信誉联想度和产品知名度等。质量满意度主要包括质量标志、集体标志、外观形象和口感等要素。价格适中度主要包括定价适中度、调价适中度等。信誉联想度包括信用度、联想度、企业责任感、企业家形象等要素。产品知名度则体现为提及知名度、未提及知名度、市场占有率等。

（2）农产品品牌建设是一个长期、全方位努力的过程，一般包括品牌规划、品牌创立、品牌培育和品牌扩张4个环节。品牌规划主要是通过经营环境的分析，确定产品选择，明确目标市场和品牌定位，制定品牌建设目标。品牌创立主要包括品牌识别系统设计、品牌注册、品牌产品上市和品牌文化内涵的确定等。品牌培育主要包括质量满意度、价格适中度、信誉联想度和产品知名度的提升。品牌扩张包括品牌保护、品牌延伸、品牌连锁经营和品牌国际化等。

四、注册商标

通过为农产品注册商标，是形成农产品品牌的最好方式。

1. 注册商标的途径

家庭农场对其生产、制造、加工、拣选、经销的商品或者提供的服务需要取得商标专用权的，应当依法向国家知识产权局商标局（以下简称商标局）提出商标注册申请。目前，办理各种商标注册事宜有两种途径：一是直接到商标局办理；二是委托国家认可的商标代理机构办理。

直接到商标局办理的，申请人除应按规定提交相应的文件外，还应提交经办人本人的身份证复印件；委托商标代理机构办理的，申请人除应按规定提交相应文件外，还应提交委托商标代理机构办理商标注册事宜的授权委托书。家庭农场直接办理商标注册事宜的，应到商标局的商标注册大厅办理。商标注册手续比较繁杂，加之注册时间较长，因此家庭农场注册商标最好找专业的代理机构，通过专业人员指导，可以降低注册风险，提高商标注册成功率。

2. 商标注册申请所需提交的资料

商标图样；注册商标所要使用的商品或服务范围；合作社营业执照复印件。

3. 商标注册申请程序

先对商标进行查询，如果之前没有相同或近似的，申请人就可以制作申请文件，递交申请。申请递交后的 1~3 个月，商标局会发给《申请受理通知书》，此期间叫形式审查阶段。形式审查完毕后，就进入实质审查阶段，这个阶段大约需一年半的时间。如果实质审查合格，就进入公告程序；公告期满，无人提异议的，商标局就会核准注册，颁发商标注册证。

根据《中华人民共和国商标法》规定，注册商标的有效期为十年，自核准之日起计算。注册商标有效期满，需要继续使用的，商标注册人应当在期满前十二个月内按照规定办理续展手续；在此期间未能办理的，可以给予六个月的宽展期。每次续展注册的有效期为十年，自该商标上一届有效期满次日起计算。期满未办理续展手续的，注销其注册商标。商标局应当对续展注册的商标予以公告。

第七章 家庭农场营销管理

第一节 家庭农场的产品开发、加工与包装

一、家庭农场产品的开发

（一）产品的内涵

产品是一个整体，是指能满足消费者某种需要和愿望的有形物体和一系列无形服务的总称。这个整体主要包括 3 个层次，即产品的核心、产品的形式和产品的延伸。

产品的核心是指提供给消费者的基本消费需求。顾客购买家庭农场产品，并不是为了获得这一产品本身，而是为了获得产品所能带来的利益和功能。如顾客购买猪肉产品，真正的原因是为了满足吃的需要。产品的核心是产品的实质部分，是消费者需求的中心内容。

产品的形式是指产品在市场出现时的物质实体和外观，包括产品的质量、特色、商标和包装等，把产品的核心部分从形式上反映出来。它是产品核心的扩大，是产品差异化的标志。它能够加强产品的感观和吸引力，为消费者提供满意的选择。

产品的延伸是指顾客购买产品时所得到的一系列附加利益，包括服务、保证、运送等。随着生产技术的迅速发展和市场竞争的日趋激烈，产品的附加利益越来越成为消费者决定购买的重要

因素。因此，家庭农场要形成一套较为完整的服务体系。

现代顾客所追求的是整体产品，家庭农场对产品的核心、形式和延伸，应同时予以高度重视，以争取更多的消费者。

（二）产品的特点

1. 产品的多样性

产品的多样性是由人们需求的多样性所决定的。家庭农场应努力使产品多样化，以满足人们各种不同的需求。

2. 产品的弹性

任何产品都存在着弹性。一般来讲，生活必需品弹性较小；享受品弹性较大。家庭农场应研究产品弹性，确定营销组合策略。

3. 产品的替代性

许多产品尽管其实体和外形有所不同，但它们之间的使用价值会相似或基本相同，是彼此能够相互替代的。在市场上，几乎全部产品都拥有可替代的产品。对一种产品来说，能替代它的产品越多，价格对其影响就越大；反之，则越小。家庭农场要充分认识产品的这一特点，安排好最佳产品组合。

4. 产品的发展性

人们生活水平的不断提高，导致人们消费需求的更新，要求市场提供不同档次的产品，满足人们的新需求。因此，家庭农场应注意研究产品的发展性。

5. 产品的调节性

指产品在消费上具有的指导性和可诱导性。要了解消费者的消费需求，通过运用各种促销手段和营销策略，调节消费者的购买行为，诱导消费者购买本家庭农场的产品。

（三）产品的寿命

任何产品都有两种“寿命”，一是使用寿命，二是市场寿命。产品的使用寿命，是指具体产品的使用时间。产品使用价值消失，其使用寿命终结。产品的市场寿命，也称市场经济寿命，是指产品从研制（开发）成功在市场上出现，直至被市场淘汰为止所经历的时间。一般情况下，产品市场寿命的终结，会被出现的新、优产品所替代。被取代的原因是使用原来的产品会在经济上不划算。产品的生命周期，是指产品的市场经济寿命。产品的整个生命周期由产品的开发期、投入期、成长期、成熟期和衰退期5个相互联系的阶段所组成。在产品的开发期，产品研制尚未成功或研制成功还未投入市场，其销售额等于0。进入投入期，销售增长率缓慢上升。到达成长期以后，销售额快速增长。在成熟期，销售额虽然还会有一点增加，但增长速度已经很慢。进入衰退期，销售额开始下降。

产品的生命周期，会因产品不同而表现出长短不一。越是生活必需品，生命周期越长，销售额可以无限地在成熟期持续下去。

（四）新产品开发

新产品是指与老产品相比，在结构、性能、技术特征等某一方面或几个方面有显著改进、提高，推广价值高，经济效益好，在一个省、自治区、直辖市范围内第一次研制成功，经主管部门鉴定确认，在市场上初次出现的产品。

产品是一个家庭农场生存发展的基础，只有不断地开发新产品，适应消费者不断变化的需求，家庭农场才会持续地取得利润，增强家庭农场的生命力。随着市场需求的变化，家庭农场要努力开发新产品，做到“三个一代”，即生产一代产品，研制一代产品，预研一代产品，使新产品连续不断。

二、家庭农场产品的加工

家庭农场产品加工是指用物理、化学等方法，对产品进行处理，以改变其形态和性能，使之更加适合消费者需要的过程。家庭农场产品加工既是生产过程的延续，又是流通过程中的一个重要环节，它和运输、储存构成市场的实体职能。

家庭农场的产品从生产领域生产出来的时候，虽能消费，但使用价值和价值不高。为此，进行家庭农场产品加工，既能更好地满足消费又能因追加劳动而提高家庭农场产品价值。

家庭农场应从单纯的原始产品生产，转向生产、加工和销售一体化的方向发展，以便从产品加工中获取经济效益，并更符合消费者需求。

1. 家庭农场产品加工的层次

按家庭农场产品加工的深度，可分为初加工和深加工。

2. 家庭农场产品加工的方法

（1）分拣、分级。市场交易是按质论价，优质优价。家庭农场的产品，如以统货销售，其价格不可能定高。若进行分拣、分级，其最低等级的家庭农场产品也可能按统货价销售，其余的便能分别定为次高价、高价、特高价，以获得超过加工劳动报酬的额外纯收入。

（2）产品深加工。如猪肉可以做成罐头、香肠、肉粉、真空制品等，这样均可大大提高其经济价值。

（3）家庭农场产品加工的趋向性。家庭农场产品加工要处理好原料产地与成品消费地的关系，使两地接近，以保持原料和成品的鲜度，减少原料和成品损耗，节省运输费用。

三、家庭农场产品的包装

包装在家庭农场产品销售中极为重要，许多家庭农场在市场营销中，把产品的包装、价格、分销渠道和销售促进排在一起，视为重要的营销策略。

在现代市场营销中，一方面，包装是产品生产的最后一道工序，是产品不可分割的重要组成部分；另一方面，包装既附加产品的物质价值，又追加劳动，增加新的价值，是家庭农场增加经营收入的途径之一。因此，包装是商品的重要组成部分。开发产品，必须同时进行包装的开发。

第二节　家庭农场的产品定价

一、家庭农场产品价格的构成及影响因素

（一）家庭农场产品价格的构成

家庭农场产品价格主要由生产成本、流通费用、税金和利润4个要素所决定。

（1）生产成本。是指家庭农场产品在生产过程中所耗费的物质资料和人工费用的货币总额。它是构成家庭农场产品价格的基础，也是制定家庭农场产品价格的最低经济界限。

（2）流通费用。是指家庭农场产品流通过程中所发生各项费用的总称。它主要是家庭农场产品流转中购、销、存、运各个环节上的运杂费、保管费、工资、折旧费、利息和物资损耗等支出的费用。

在流通费用中，一部分属于生产性流通费用，另一部分属于纯粹流通费用。生产性流通费用是指生产过程在流通领域内继续发生的有关费用，即为继续完成产品最后生产过程，使之适于消费而支付的运输、保管、挑选、整理、包装等费用。生产性流通费用能增加家庭农场产品价值。纯粹流通费用是为实现家庭农场

产品支出的费用，不能增加家庭农场产品价值。

（3）税金。税金是国家根据有关法规规定的税种和税率向家庭农场无偿征收的款项，它也是家庭农场产品价格的组成部分。

（4）利润。利润是家庭农场的劳动者为社会创造的物质财富的一部分，利润是商品价格的构成之一。

（二）影响家庭农场产品市场价格的因素

家庭农场产品价格构成因素中的任何一个因素，其发生升降变化，都会引起价格的上下波动。

（1）生产成本增加，则价格随之上升；生产成本减少，则价格随之下降。

（2）流通费用增加，则价格随之上升；流通费用减少，则价格随之下降。

（3）国家税种增加，税率提高，则价格随之上升；税种减少，税率调降，甚至有减免税优惠，则价格随之下降。

（4）家庭农场追求利润增加，则价格必然上升；家庭农场只获取合理利润，或让利推销，则价格随之下降。

（5）市场上的家庭农场商品供应总量与需求总量之间的比例关系，决定市场零售价格的总水平，从而影响市场商品价格。市场商品供应量大于社会商品购买力，市场上出现供过于求的现象，如超过一定的限度，必然造成物价总水平下降；市场商品供应量小于社会商品购买力，市场上出现供不应求的现象，如超过一定的限度，必然造成物价总水平上涨。

（6）在竞争对手势均力敌情况下，家庭农场宜采用与竞争对手相近或低于其价格的定价方法。面对实力雄厚的强大竞争对手，家庭农场宜采用避实就虚、薄利多销的定价策略。独家生产、经营，没有竞争对手时，定价可高些。

(7) 市场商品定价，还受到国家行政干预和财政、信贷等因素的影响。

二、家庭农场产品的定价方法和策略

任何一个家庭农场，要在竞争激烈的市场上取得优势地位，首先要明确定价目标，并采用合适的定价方法和策略。

(一) 定价目标

综合国内外家庭农场的经验，下列定价目标可供借鉴。

1. 以追求最大利润为定价目标

追求最大利润有两种途径：第一种是追求家庭农场的整体经济效益最大。当一个家庭农场刚进入某一市场时，为了开拓市场争夺顾客，可采用低价策略，致使该家庭农场在一定时期内没有盈利。但是，随着该家庭农场的市场占有率的提高，投入市场产品量的增加，会从整体上给家庭农场带来更多的利益。第二种是追求家庭农场长期总利润最大化。追求最高利润，并不等于一定追求最高价格，家庭农场利润的实现，归根到底要以产品的价值实现为基础的，如果产品价格定得过高，没有销路，价值不能实现，利润就化为乌有。如果着眼于家庭农场长期的最大利润，就必须考虑顾客的可接受能力。定价目标以顾客能接受为标准，薄利多销、薄利快销，扩大和占领更多的市场以获得较大的持久的利润。

2. 以取得一定的资金利润率为定价目标

任何家庭农场的投资都希望收到预期的效果。衡量投资预期效果的指标是资金利润率。家庭农场在进行产品定价时，要以达到一定的资金利润率作为定价目标，即要求在补偿产品成本的基础上，加上预期的利润水平，以此来确定商品的价格。

3. 以保持稳定的价格为定价目标

家庭农场持续稳定地发展，需要有一个稳定的市场和价格。

4. 以保持良好的销售渠道为定价目标

保持销售渠道的畅通是家庭农场产品销售的必要条件。为了使销售渠道畅通无阻，必须研究价格对中间商的影响，并保证中间商的利益，如定价中给中间商一定的回扣，使其有经营的积极性。

5. 以应对竞争对手为定价目标

家庭农场定价时，都应考虑如何应对或避免市场竞争中的价格竞争。通常的做法是以有影响力的竞争者的价格为基准，参考家庭农场内部和外部的综合因素，制定本家庭农场的价格策略。

6. 以保持或增加市场占有率为定价目标

提高市场占有率，对任何家庭农场都是十分重要的目标，它是家庭农场竞争能力、经营水平的综合表现，是家庭农场生存和发展的基础。许多家庭农场愿意用较长时间的低价策略来开拓市场以保持和增加市场占有率。

（二）定价方法

定价方法有多种多样，这里仅介绍常用方法。

1. 成本加成定价法

按产品单位成本加上一定比例的预期利润来确定产品销售价格的定价方法，叫成本加成定价法。计算公式为：

单位产品售价(元/千克)= 单位产品成本 ×(1+利润率)　　(7.1)

[例1] 某家庭农场生产某一种猪肉产品，其单位成本为20元/千克，预期利润率为25%。该猪肉产品的出售价格为：

猪肉产品出售价格（元/千克）= 20 ×（1+25%）= 25

成本加成定价法简单实用、计算方便，但是灵活性差、竞争力弱。

2. 边际效益定价法

边际效益定价法是一种只计算变动成本，暂不计算固定成本的计算方法，即按变动成本加预期边际效益的定价方法。其收益值大于成本，则是盈利；反之则是亏损。计算公式为：

$$产品单位售价（元/千克）=\frac{（变动成本+边际效益）}{销售量} \tag{7.2}$$

［例2］某家庭农场拥有固定成本30万元，变动成本30万元，预计边际效益20万元，预计该农场产品的销售量为5万千克。该产品单位售价为：

$$产品单位售价（元/千克）=\frac{(30+20)}{5}=10$$

这种定价方法适宜在市场竞争激烈、商品供过于求、销售困难、价格可随行就市的情况下采用。它可以使家庭农场维持现行生产、保住市场占有率、减少亏损，是一种较为灵活的定价方法。

3. 比较定价法

比较定价法是把商品按低价和高价销售并进行比较之后再确定价格的一种方法。在商品销售中，一般认为只要价格高，获利就多，反之就少。其实并非完全如此，在某种情况下，定价低一点，数量多销一点，同样可以获得更大的利润；定价高些，单位产品利润虽大，但销量小，仍然获利少，这就是薄利多销策略的依据所在。

4. 销售加成定价法

销售加成定价法是零售商以售价为基础，按加成百分率来计算的定价方法。计算公式为：

$$产品单位价格（元/千克）=\frac{每千克产品成本}{1-加成率} \tag{7.3}$$

加成率是指预期利润占产品总成本的百分率。

[例 3] 某家庭农场新开发的猪肉产品，每千克产品成本为 16 元，加成率为 20%，则该猪肉产品单位价格为：

$$产品单位价格（元/千克）=\frac{16}{1-20\%}=20$$

这种定价方法适用于零售商业部门的商品定价。

5. 目标定价法

目标定价法是家庭农场根据估计的销售收入（销售额）和估计的产量（销售量）来制定价格的定价方法。计算公式为：

$$目标利润（元）=总成本\times成本利润率 \tag{7.4}$$

$$产品的目标价格（元/千克）=\frac{目标利润+总收入}{估计的产量} \tag{7.5}$$

[例 4] 某家庭农场预计能完成 2 000 千克猪肉产品，估计总成本为 28 000 元，成本利润率为 20%，则该产品的目标价格为：

$$产品的目标价格(元/千克)=\frac{(28\,000\times20\%)+28\,000}{2\,000}=16.8$$

此定价方法的产品产量、成本都是估计数，但能否实现目标利润，要看实际情况。如果家庭农场的产量较为稳定，成本核算制度健全，此定价方法是适用的。

6. 理解价值定价法

理解价值定价法是家庭农场按照买方对商品价值的理解水平，而不是按卖方的成本费用水平来制定的方法。运用该方法定价，首先应正确估计、测定商品在顾客心目中的价值水平，然后再根据顾客对商品所理解的价值水平定出商品价格。

7. 区分需求定价法

区分需求定价法，又叫差别定价法，是指同种产品在特定条件下可制定不同价格的定价法。区分需求定价法，主要有 3 种形式。

(1) 以消费者为基础的区别定价。对不同消费者群，采用不同的价格。

(2) 以不同地区为基础的差别定价。同种商品在不同地区、国家，其售价不同。

(3) 以时间为基础的差别定价。同一商品在不同年份、季节、时期，可以采用不同的定价。

8. 竞争定价法

竞争定价法是指依据竞争者的价格来确定商品售价的定价方法。对照竞争者商品的质量、性能、价格、生产、服务条件等情况，产品价格可高于竞争者；如处于劣势，则产品价格应低于对方；处于同等水平，则与竞争者同价。

(三) 定价策略

定价策略是一种营销手段。家庭农场采取灵活多变的定价策略，以实现营销目标。定价策略种类甚多，提法各异，现介绍常用定价策略。

1. 心理定价策略

(1) 整数定价策略。整数定价策略是指企业把原本应该定价为零数的商品价格改定为高于这个零数价格的整数，一般以“0”作为尾数。这种舍零凑整的策略实质上是利用了消费者按质论价的心理、自尊心理与炫耀心理。一般来说，整数定价策略适用于那些名牌优质商品。

(2) 零头定价策略。零头定价，又称尾数定价或非整数定价，是指零售商在制定价格时，以零头结尾。这种定价策略会使消费者产生一种经过精确计算后才确定最低价格的感觉，进而产生对家庭农场的信任感，能提高家庭农场的信誉，扩大其商品的销售量。

(3) 声望定价策略。在消费者心目中，威望高的家庭农场商品，可以把价格定得高一些，这是消费者能够接受的。这种定价方法运用恰当，可提高产品及其家庭农场的形象。

（4）分级定价策略。分级定价策略是把商品按不同的档次、等级分别定价。此定价方法便于消费者根据不同情况，按需购买，各得其所，并产生信任感和安全感。

（5）习惯定价策略。家庭农场产品因长期购买，形成了习惯价格。习惯价格不宜轻易变动，否则容易引起顾客的反感。为此，家庭农场应该调整包装、增加商品数量，代替商品价格的变动，以适应消费者的心理。

2. 地区定价策略

根据买卖双方对商品流通费用的不同负担情况，采用不同的定价策略。

（1）产地定价，又称离岸价，是指在家庭农场商品产地的某种运输工具上交货所定的价格。交货后，货物所有权归买方，卖方只负责货物装上运输工具之前的有关费用，其他运输、保险等一切费用，一律由买方负责。它适用于运费较高、距离较远的商品交易。在家庭农场对外贸易中可以采用此法定价。

（2）统一交货定价，又称到岸价，是卖方不论买方路途远近一律实行统一送货，一切运输、保险等费用，均由卖方负担。统一交货定价有两种形式：一是按相同货价加相同运费定价，即不分区域，顾客不论远近都是一个价；二是相同货价加不同运费定价，即按运程计收运费。

（3）基本定价，即选择某些城市为基本点，按基点定出商品出厂价，再加上一定的从基本点城市到顾客所在地的运费而定价的方法。卖方不负担保险费。

（4）区分定价，即把某一地域分为若干个价格区，对卖给不同价格区的商品，分别制定不同的价格，在各个价格区实行不同价格。

（5）运费补贴定价，即对距离较远的买方，卖方适当给买方以价格补贴，以此吸引顾客，加深市场渗透，增强家庭农场竞争力。

3. 折扣与折让策略

折扣是按原定价格中少收一定比例的货款。折让是在原定价格中少收一定比例数量的价款。两者的实质，都是运用减价策略。

（1）现金折扣。即在允许买方延期付款情况下，而买方却提前交付现金，则卖方可按原价给予买方一定折扣，即减价优待。例如，某家庭农场商品交易延付期为 30 天。提前 30 天付清的货款，给 5%折扣；若提前 10 天付款，给 2%折扣；30 天到期付清货款，不给折扣。

（2）数量折扣。即根据销售数量的大小，给予不同的折扣。其目的是鼓励大批量订货购买。数量折扣，具体有两种做法：一种是累计折扣，是根据一定时期内购买总数计算的折扣，鼓励购买者多次进货，并成为长期客户；另一种是非累计折扣，又称一次性折扣，是根据一次购买数量计算折扣。购买量大的，则折扣比例大；反之，则折扣比例小。

（3）职能折扣。某些家庭农场给予愿意为其执行储存、服务等营销职能的批发商或零售商的一种额外负担折扣。

（4）季节折扣。家庭农场给购买淡、旺季商品或提前进货的买方给予的一种优惠价格，使家庭农场保持稳定销售量。

（5）推广折扣。中间商为家庭农场进行广告宣传、举办展销等推广工作，家庭农场给一定的价格折扣。

（6）运费折让。对较远顾客，用减让一定价格的办法来弥补其运费的折扣。

（7）交易折扣。交易折扣，又称同业折扣或进销差价，是指家庭农场按不同交易职能，给予中间商不同的折扣，其目的是鼓励中间商多进货。

4. 新产品定价策略

新产品定价关系着新产品能否打开销路、占领市场、取得预期效果，通常运用3种策略。

（1）市场撇取定价策略。又称取脂定价或高价定价。这种策略是把新产品上市初期的价格定得很高，尽可能在短期内获取最大利润。当销售遇到困难时，可迅速降价推销。同时使买方获得产品降价的感觉。

（2）市场渗透定价策略。又称低价格策略，这种策略正好与撇取定价相反，是把新产品上市初期的价格定得尽可能低些，以吸引消费者，使新产品迅速打开销路，占领市场，优先取得市场的主动权。一些资金雄厚的大型家庭农场，常采用这种策略，能收到明显的效果。

（3）温和定价策略。又称折中定价策略，是取高价和低价的平均数，消费者容易接受。

5. 产品组合定价策略

（1）产品大类定价。产品大类定价是指对存在相互关系的一组产品，按照每种产品的自身特色和相互关联性进行定价的一种策略。

（2）任选品定价。家庭农场不仅向买方提供主要商品，还要提供与主要商品密切相联系的任选品。有两种策略：一是把任选品价格定得较高，以此取得较高的盈利；二是把任选品价格定得较低，以此吸引顾客。

第三节　家庭农场的产品销售渠道

一、销售渠道的类型

家庭农场产品销售渠道是指家庭农场产品所有权和产品实体从生产领域转移到消费领域经过的路线。销售渠道是由商品物流的组织和个人组成的，其起始点是生产者，最终点是消费者，中间有批发商、零售商、代理商等，即中间商。

（一）直接渠道和间接渠道

按商品销售是否经过中间商，可分为直接渠道和间接渠道等。

1. 直接渠道

直接渠道是指家庭农场将产品直接销售给消费者的一种销售渠道。目前这一渠道的具体方式主要有以下6种。

（1）家庭农场直接设立门市部进行现货销售。

（2）家庭农场派出推销人员上门销售。

（3）家庭农场接受顾客订货，按合同销售。

（4）家庭农场参加各种展销会、农博会。

（5）家庭农场参加网络销售。

（6）家庭农场办理邮购、电话订购业务。

这类渠道的优点在于节约了交易时间，但也存在缺点，即当销售量大或用户多时，一方面使家庭农场的工作量增大，另一方面又限制了家庭农场的消费者范围。

2. 间接渠道

间接渠道是指家庭农场通过若干中间环节将产品间接地出售给消费者的一种产品流通渠道。这种渠道的主要形态有以下

3种。

（1）家庭农场—零售商—消费者。

（2）家庭农场—批发商—零售商—消费者。

（3）家庭农场—代理商—批发商—零售商—消费者。

这类渠道的优点在于接触的市场面广，可以扩大用户群，增加消费量；缺点在于中间环节多，会引起销售费用上升。

（二）短渠道与长渠道

按商品销售中经过的中间环节的多少，可分为短渠道和长渠道。

1. 短渠道

是指家庭农场不使用或只使用一种类型中间商的渠道。其优点是中间环节少，商品流转时间短，能节约流通费用。

2. 长渠道

是指家庭农场使用两种或两种以上不同类型中间商来销售商品的渠道。它的优点是能充分发挥各种类型中间商促进商品销售的职能，但长营销渠道存在着不可避免的缺点，即生产与需求远离、很难实行产销结合。

二、影响营销渠道的因素

（一）产品因素

影响营销渠道的产品因素主要有：产品价值、产品的耐贮性、产品的技术性、产品的类型与规模、产品的生命周期和产品的适口性等。

（二）市场因素

影响营销渠道的市场因素主要有：市场销售量、市场范围、市场竞争力和产品销售的季节性等。

（三）家庭农场自身因素

影响营销渠道的家庭农场自身因素主要有：声誉与实力、营销能力与经验、可提供的服务和其他营销策略等。

（四）政府政策因素

影响营销渠道的政府政策因素主要有：补贴政策、垄断政策等。

三、销售渠道策略

市场营销中可以供选择的渠道不是单一的，是可以在多种销售渠道中进行优选的。家庭农场为了使其商品以较短的时间、较快的速度、较省的费用实现从生产领域向消费领域的顺利转移，要围绕着渠道长度、渠道宽度、中间商类型、渠道类型数量、渠道成员协作、地区中间商选择、渠道管理和渠道调整 8 个方面制定一系列的策略。

（一）渠道长度策略

1. 短渠道策略

在下列情况下可采用：零售商地理位置优越，处于家庭农场与消费者的结合区，消费者可直接从家庭农场购货；家庭农场拥有购买量大的用户，且愿意签订长期稳定的购买合同；家庭农场具有代替批发商的促销能力、储运条件等。

2. 长渠道策略

一般在如下情况下采用：家庭农场无力或无营销经验将产品推销给零售商或用户；市场上批发商多，且拥有雄厚资金，熟悉市场行情，有储运能力，形成了商品购销网络。

（二）渠道宽度策略

又称中间商数量策略，一般有 3 种渠道策略可供选择。

1. 广泛性渠道策略

广泛性经销，又称密集性经销。家庭农场可广泛地采用中间商来推销自己的产品。广泛性渠道策略能扩大产品销量，提高产品及其家庭农场的知名度，但家庭农场难以控制渠道。

2. 选择性渠道策略

选择性经销，又称特约经销。家庭农场在推销产品时，仅是有选择地使用一部分中间商。这种渠道策略，能使家庭农场与一部分中间商结成良好的长期稳定的购销关系。

3. 专营性渠道策略

专营性经销，又称独家经营。家庭农场在一定市场范围内只选择一家中间商来经销自己的产品。这一策略只适用于价格较高、买者较少、技术较复杂的产品。家庭农场与独家经营商店一般均签有购销合同，并规定中间商不得再经销其他生产企业的商品。

（三）中间商类型策略

中间商有批发商、零售商、代理商、经纪人以及储运机构等。家庭农场在中间商类型的选择上，将围绕以下方面进行决策：是否选择中间商；选择何种中间商；选择多种类型的中间商等。

（四）渠道类型数量策略

家庭农场为尽快推销产品，往往要同时采用几种渠道类型。常见的渠道类型有以下 4 种。

（1）在家庭农场自设销售门市部，满足上门顾客的购买需要。

（2）通过代理商销售。

（3）通过批发商销售。

（4）通过零售商销售。

（五）渠道成员协作策略

渠道成员之间的协作，包括生产者与中间商的协作，中间商与中间商之间的协作等。渠道成员之间的协作，主要有两个方面的内容：一是支持的方式，包括资金信贷、承担运费、广告费用、利润分割等；二是支持的幅度，即供援助的数额水平。

在渠道成员之间，实际上存在着“渠道首领”。渠道首领有可能是家庭农场，也可能是中间商，在成员之中起组织者和领导者的作用，并使成员之间形成互利互惠的关系，避免相互扯皮，利益悬殊不均的现象。

（六）地区中间商选择策略

家庭农场的产品要向某一地区推销，一般要选择地区中间商。家庭农场选择地区中间商的决策依据是该地区的需求量和购买力、交通运输的方便性、中间商愿意接受的售价（酬价）和合作精神等。

（七）渠道管理策略

渠道矛盾是不可避免的，可分为横向矛盾和纵向矛盾。横向矛盾是指同一渠道同一中间商种类之间的矛盾。如同一批发商下面有 10 个零售商，它们之间会相互竞争。纵向矛盾是同一渠道内不同渠道成员之间的矛盾，如生产者与批发商、批发商与零售商之间的矛盾。要解决渠道矛盾，就得加强渠道管理。

（八）渠道调整策略

家庭农场要根据不断变化的市场供求情况、市场环境和家庭农场自身的条件，对渠道作出及时调整。渠道调整有 3 个途径。

（1）调整渠道的某些渠道成员，或增多，或减少，或调换。

（2）调整渠道数量，或增加，或减少。

（3）调整渠道类型，或采用直接渠道，或采用间接渠道等。

四、物流策略

商品在流通领域中所发生的空间位置上的运动，称为物流。物流又称实体分配。它包括商品的整理、分级、加工、包装、搬运装卸、运输、储存、保管等工作。其中，运输和储存是物流的主要内容。

物流有 3 项目标：及时地保质保量地将商品送达到目的地；为购销双方提供最佳的服务；物流所追加的劳动应最节省，即支付的实体分配成本最低。

(一) 家庭农场商品运输

商品运输是由于商品产地与销售地不一致、商品季节性生产与常年性消费的不一致、商品集中生产与分散消费的不一致等而产生的为消除这些“不一致”所引起的活动。其目的是加快商品流转，加快资金周转，保证购销的进行，满足消费；因追加了劳动，便增大商品价值；减少储存环节及其费用支出；协调供、产、销，保证生产经营的顺利进行；协调购、销、储，保证流通过程的顺利进行。

(1) 家庭农场商品运输的要求。家庭农场商品运输要做到流向合理，以最短的里程、最快的速度、最省的费用，把商品安全完好地送达目的地。商品运输的要求是：及时、准确、安全、经济。

(2) 商品运输策略。商品运输策略，主要包括商品运输方式选择策略、商品运输工具选择策略和商品运输路线选择策略等。

①商品运输方式的选择：按空间位置，分为陆运（包括铁路运输和公路运输）、水运和空运等；按装卸容器，分为仓箱式运输、传送带运输等；按运输借助的动力，分为人力运输、畜力运输、水力运输、机械动力运输等。

选择何种运输方式，要根据运输商品的数量、商品的性质、商品的安全要求、交通条件、运达紧迫性、取得运输工具的便利程度、运输距离和运输费用等因素，综合考察后选择运输方式与策略。

②商品运输工具的选择：主要有火车、船只、汽车、木帆船、畜力车、人力车和人力担挑等运输工具。选择运输工具，要综合交通条件、运程与运费、市场对商品需求的急缓程度等。

③商品运输路线的选择：一般有直达运输、直线运输、直达直线运输、单程运输、双程运输、联运、对流运输、倒流运输和迂回运输等。在一般情况下，应采用合理的运输路线，避免不合理的运输路线。

（二）家庭农场产品储存

家庭农场产品储存是指家庭农场产品离开生产领域尚未进入消费领域而在流通领域中的暂时停滞。

储存是由于商品生产与消费需求之间、商品购买与销售之间存在着时间差和空间差而引起的。这些矛盾需要靠储存环节来调节、缓和与解决。同时，在市场营销活动中，商品采购、销售和运输，往往会遇到不可预料的情况而受阻，也需要由储存环节来予以缓冲、中转和调剂。储存具有商品“蓄电池”的功能。

（1）商品仓库分类。商品储存要设置仓库。商品仓库一般作如下分类：按仓库在商品流通中所负担的职能划分，可分为采购仓库、批发仓库、零售仓库、中转仓库、加工仓库和储存仓库等；按仓库的保管条件和要求划分，可分为通用仓库、专用仓库和特种仓库等；按仓库建筑结构和形状划分，可分为单层仓库、多层仓库、地上仓库、地下仓库、永久建筑仓库和临时篷布堆场等。

设置仓库，首先要考虑储存目的，如采购仓库要设置在商品产地，以方便大量采购；又如外贸仓库，则应设置在商品进出口口岸。仓库选址应交通便利、环境安全、便于保管。

（2）商品仓库的设置。如果商品需要常年性、经常性和大数量储存，一般应采用自建策略。如果是偶然性、短期性和小数量的商品储存，则一般不自建仓库，宜采用租用仓库的策略。

第四节　家庭农场的产品促销策略

一、促销的作用

促销，即促进产品销售，是市场营销组合的重要组成部分之一。促销活动可以激发顾客购买欲望，达到推销商品、树立家庭农场形象的目的。

（一）沟通信息，传递情报

生产与销售之间、销售与消费之间、生产与消费之间、流通领域各环节之间，由于种种原因存在着一定的矛盾，彼此之间迫切需要沟通信息。生产者需要推销产品，使产品适销对路，扩大销售量，必须向市场和消费者传递信息，采用促销手段，将产品推销出去，实现产品价值。

（二）刺激欲望，唤起需要

在市场竞争激烈的情况下，家庭农场之间、产品之间的差异甚微，消费者难以区别。家庭农场应通过促销活动，突出宣传家庭农场特色、产品特点，使消费者对家庭农场及其产品产生好感，把潜在购买力变为现实的购买行为，实现营销目标。

二、促销组合策略

促进产品销售有两种方法：一是人员推销：二是非人员推销。非人员推销包括广告宣传、营销推广、公共关系和网络营销。

家庭农场根据促销目标、资源状况，把人员推销、广告宣传、营销推广、公共关系和网络营销等促销手段，有机搭配、综合运用，形成一个整体策略组合，称促销组合。促销组合的目的是更有效地把产品与家庭农场介绍给消费者，树立家庭农场良好形象，促进商品或劳务的推销。

（一）人员推销

人员推销是家庭农场通过推销人员直接与消费者口头交谈、互通信息、推销产品、扩大销售的一种促销手段，它是促销中应用最普遍、最直接的一种策略，也是最主要、最有效的促销手段。

1. 人员推销的方式

（1）建立销售人员队伍。家庭农场派推销人员，直接向消费者推销产品。推销人员包括推销员、营业员、销售员、销售代表和业务经理等。

（2）使用合同推销人员。用签订合同的方式，雇请推销人员，如加工商代理人、销售代理人、销售代理商等。家庭农场按代销商品数额给其支付佣金。

2. 人员推销的特点

直接推销，机动灵活；互通信息，及时准确；培养感情，增进友谊；推销费用高，传播面窄。

3. 推销人员的素质

经营思想正确，机敏干练，形象良好，有进取精神，忠于职守，精通业务（市场知识、顾客知识、产品和技术知识、家庭农场知识、推销技巧、业务程序和职责）。

4. 人员推销策略

推销人员在推销中，一般应用如下策略。

（1）“刺激—反应”策略。推销人员在事先不了解顾客需求的情况下，准备几套讲话内容，依次讲某一内容，观察顾客的反应，并根据顾客的反应，调整讲话的内容，引起顾客的共鸣。

（2）“配方”策略。推销人员在事先基本知道顾客需求的情况下，准备好“解说”内容，逐步讲到顾客之所需，引起顾客兴趣，顺势展开攻势，促成交易。

（3）“需求—满足”策略。要求推销员有较高的推销技能，使顾客感到推销员已成了他的好参谋，并请求帮助，以达到推销商的目的。

（二）广告宣传

广告宣传是家庭农场借助于某种媒体，运用一定的形式向顾客传递商品和劳务信息的一种非人员促销手段。

1. 广告媒体及其选择

一个广告，包含广告实体和广告媒体两个相联系的部分。广告实体是各种情报、数据、信息等总称。广告必须依附广告媒体才能传播。广告媒体，是指传播信息、情报等广告实体的载体。常用的广告媒体有广播、电视、报纸和杂志等。

要使广告能起促销作用，必须注意广告媒体的选择。为了达到广告宣传的预期促销效果，选择广告媒体的要求如下。

（1）要根据宣传的商品或劳务的种类和特点来选择广告媒体。

（2）要根据目标市场的特点来选择广告媒体。

（3）要根据广告的目的和内容来选择广告媒体。

（4）要根据广告媒体本身特性来选择广告媒体。

（5）要根据广告预算费用来选择广告媒体。

2. 广告策略

广告是市场营销的促销手段之一。广告策略应该与家庭农场的总体营销目标相适应。常用的广告策略如下。

（1）报道性广告。广告以报道的方式向顾客提供商品质量、用途、效能、价格等基本情况，为顾客认识商品提供信息，以诱导消费者的初级需求欲望，适用于新产品、优良产品的广告宣传等。

（2）竞争性广告。其宣传的重点是介绍和论证商品能给消费者带来的各种效益和各方面的好处。其广告形式是运用比较方式，加深消费者对商品的印象，适用于商品经济寿命增长期和成熟期阶段的商品的广告宣传。

（3）声誉性广告。重点是宣传和树立家庭农场和产品的良好形象，增加消费者购买的信任感，适用于有一定影响力和声誉的商品的广告宣传。

（4）备忘性广告。宣传的重点应放在商品商标和信誉上，帮助消费者识别和选择商标，主要适用于成熟期、中后期商品的广告宣传。

（5）季节性广告。因季节性变动而采取的广告，其重点是推销季节性商品。

（6）均衡性广告。展开全面的、长期的广告宣传，提高声誉，扩大市场占有率，适用于资金雄厚、效益好的大型家庭农场的广告宣传。

（7）节假日广告。在周末和节假日前进行广告宣传，以吸引顾客，此策略适用于零售商业家庭农场的广告宣传。

家庭农场应根据自身的力量和广告目的，运用不同的广告策略。通常情况下，小型家庭农场，不宜用大广告；地方性产品，不宜用全国性广告而应采用地区重点策略、时间重点策略和商品重点策略等。

（三）营销推广

营销推广，又称销售促进、特种推销，是指家庭农场用来刺激早期消费者需求所采取的促进购买行为的各种促销措施。如举办展览会、展销会、咨询服务、赠送纪念品等。

（四）公共关系

公共关系是指家庭农场与公众沟通信息，建立了解信任关系，提高家庭农场知名度和声誉，创造良好的市场营销环境的一种促销活动。

（五）网络营销

网络营销是以互联网为媒体，以新的方式、方法和理念实施的活动，它能更有效地促进个人和组织交易活动的实现。近年来，随着互联网的迅猛发展，家庭农场也应实行网上营销。

网络营销人员应从家庭农场经营战略高度出发，站在家庭农场的角度看问题，在对行业竞争状况、家庭农场内部资源和产品、服务特点等相关因素进行综合研究的基础之上，为家庭农场制定总体网络营销策略，让家庭农场网络营销活动达到事半功倍的效果。网络营销总体策略包括网络品牌、网站推广、信息发布、顾客关系、顾客服务、网上销售及网上市场调研等诸多方面，全面有效地指导家庭农场实施网络营销活动，达到家庭农场总体效益最大化。

第八章 家庭农场财务管理

第一节 家庭农场财务管理概述

一、家庭农场财务管理的重要性

家庭农场的生产与生活相融合，虽然可以最大限度地利用家庭的劳动力资源，减少农场的用工成本和管理成本，但是也容易导致家庭成员淡化农业生产的成本意识，把家庭生产开支与家庭生活开支混为一谈，不利于家庭农场的长远健康发展。因此，切实做好家庭农场财务管理，建账记账，是加强家庭农场经营管理的必要措施，也是推进家庭农场规范建设的重要保障。

二、家庭农场财务管理的支持政策

2019 年 9 月，农业农村部发布《关于实施家庭农场培育计划的指导意见》提出，支持家庭农场发展的政策体系和管理制度进一步完善，家庭农场生产经营能力和带动能力得到巩固提升。支持发展“互联网+”家庭农场。鼓励市场主体开发适用的数据产品，为家庭农场提供专业化、精准化的信息服务。

2020 年 3 月，农业农村部编制《新型农业经营主体和服务主体高质量发展规划（2020—2022 年）》指出，加强家庭农场统计和监测。强化家庭农场示范培训，提高家庭农场经营管理水平和示范带动能力。鼓励各地设计和推广使用家庭农场财务收支记录簿。积极引导家庭农场开展联合与合作。

2022 年 3 月，农业农村部《农业农村部关于实施新型农业经营主体提升行动的通知》要求，建立家庭农场规范运营制度，组织开发家庭农场“随手记”记账软件，免费提供给家庭农场使用，实现家庭农场生产经营数字化、财务收支规范化、销量库存即时化。

2022 年 6 月，农业农村部农村合作经济指导司发布的《关于推广使用家庭农场“随手记”记账软件的通知》指出，根据新型农业经营主体提升行动关于建立家庭农场规范运营制度的要求，农业农村部农村合作经济指导司组织开发了家庭农场“随手记”记账软件，免费提供给广大家庭农场使用，满足家庭农场财务收支、生产销售等基本记账需求。

第二节　家庭农场的资金管理

资金是市场经济条件下家庭农场生产和流通过程中所占用的物质资料和劳动力价值形式的货币表现，是家庭农场获取各种生产资料、保证家庭农场持续发展不可缺少的要素。

一、家庭农场经营资金构成

家庭农场经营资金是指用于家庭农场生产经营活动和其他投资活动的资产的货币表现，可以分为以下 4 类。

（1）按资金取得的来源，分为自有资金和借入资金。所谓自有资金，是指家庭农场为进行生产经营活动所经常持有，可以自行支配使用并无须偿还的那部分资金，与借入资金对称。

（2）按照资金存在的形态，可分为货币形态资金和实物形态资金。

（3）按照资金在再生产过程中所处阶段，可分为生产领域资金和流通领域资金。生产领域资金包括生产用的建筑设施、生产设备、生产工具、交通运输工具、原材料、燃料与辅助材料储备、半成品等资金。决定生产资金占用多少的主要因素有生产过程的长短、生产费用的多少、投资是否合理。

（4）按照资金的价值转移方式，可分为固定资金和流动资金。

二、家庭农场流动资金管理

流动资金是指在家庭农场生产经营过程中，垫支在劳动对象上的资金和用于支付劳动报酬及其他费用的资金。家庭农场流动资金由储备资金、生产资金、成品资金和货币资金组成。具体来说，现金、存货（材料、在制品、成品）、应收账款、有价证券、预付款等都是流动资金。

（一）流动资金的特点

1. 流动资金占用形态具有流动性

随着家庭农场生产经营活动不断进行，流动资金占用形态也在不断变化。家庭农场流动资金一般从货币形态开始，集资经过购买、生产、销售 3 个阶段，相应地表现为货币资金、储备资金、生产资金和商品资金等形态，不断循环流动。

2. 流动资金占用数量具有波动性

产品供求关系变化、生产消费季节性变化、经济环境变化都会对家庭农场的流动资金产生影响，因而家庭农场流动资金在各个时期的占用量不是固定不变的，有高有低，呈现出波动性。

3. 流动资金循环具有增值性

流动资金在循环周转中，可以得到自身耗费的补偿，每一次周转可以产生营业收入并且创造利润。在利润率一定的条件下，资金周转越快，增值就越多。

（二）流动资金的日常管理

1. 货币资金管理

货币资金是家庭农场流动资金中流动性最强的资金，包括现金、银行存款等。

1）现金管理

现金是指家庭农场所拥有的硬币、纸币，即由家庭农场出纳员保管作为零星业务开支之用的库存现款。家庭农场持有现金出于3种需求，即交易性需求、预防性需求和投机性需求。

交易性需求是家庭农场为了维持日常周转及正常商业活动所需持有的现金额。家庭农场每日都在发生许多支出和收入，多数情况下，这些支出和收入在数额上不相等或者时间上不匹配，因此家庭农场需要持有一定现金来调节，以使生产经营活动能持续进行。

预防性需求是指家庭农场需要维持充足现金，以应对突发事件。这种突发事件可能是政治环境变化，也可能是家庭农场的某大客户违约导致家庭农场突发性偿付等。尽管财务主管试图利用各种手段来较准确地估算家庭农场需要的现金数，但这些突发事件会使原本很好的财务计划失去效果。因此，家庭农场为了应对突发事件，有必要准备比日常正常运转所需金额更多的现金；家庭农场掌握的现金额取决于家庭农场愿冒缺少现金风险的程度、家庭农场预测现金收支可靠的程度、家庭农场临时融资的能力。

投机性需求是指家庭农场为了在未来某一适当的时机进行投机活动而持有的现金。这种机会大都是一闪即逝，如证券价格突然下跌，家庭农场若没有用于投机的现金，就会错过这一机会。

如果家庭农场持有的现金过多，因现金资产的收益性较低，会增加家庭农场财务风险，降低收益；如果家庭农场持有的现金过少，可能会因为缺乏必要的现金不能应付业务开支需要而影响家庭农场的支付能力和信誉形象，使家庭农场遭受信用损失。

家庭农场现金管理的目的在于既要保证家庭农场生产经营所需要现金的供应，还要尽量避免现金闲置，并合理地从暂时闲置的现金中获得更多的收益。

家庭农场要遵守国家现金管理有关规定。做好库存现金的盘点工作，建立和实施现金的内部控制制度，控制现金回收和支付，多方面做好现金的日常管理工作。

2）银行存款管理

银行存款就是家庭农场存放在银行或其他金融机构的货币资金。家庭农场银行存款管理的目标是通过加速货款回收，严格控制支出，力求货币资金的流入与流出同步来保持银行存款的合理水平，使家庭农场既能将多余货币资金投入有较高回报的其他投资方向，又能在家庭农场急需资金时，获得足够的现金。

2. 债权资产

债权资产是指债权人将在未来时期向债务人收取的款项，主要包括应收账款和应收票据。

1）应收账款管理

（1）应收账款的内容及其管理目标。应收账款是指家庭农场因销售商品、材料、提供劳务等，应向购货单位收取的款项。

在市场经济条件下，存在着激烈的商业竞争。除了依靠产品质量、价格、售后服务、广告等，赊销也是扩大销售的手段之一，于是就产生了应收账款。应收账款的损失包括逾期应收账款的资金成本、附加收账费用、坏账损失。另外，还有一些间接的损失。应收账款管理的目标，是要制定科学合理的应收账款信用政策，并在这种信用政策所增加的销售盈利和采用这种政策预计要担负的成本之间作出权衡。只有当所增加的销售盈利超过运用此政策所增加的成本时，才能实施和推行使用这种信用政策。同时，应收账款管理还包括家庭农场未来销售前景和市场情况的预测和判断，及对应收账款安全性的调查，确保家庭农场获取最大收入的情况下，又使可能的损失降到最低点。

（2）应收账款管理。家庭农场应收账款管理的重点，就是根据家庭农场实际经营情况和客户信誉情况制定家庭农场合理的信用政策，这是家庭农场财务管理的一个重要组成部分，也是家庭农场为达到应收账款管理目的必须合理制定的方针策略。信用政策包括信用标准、信用期限、折扣政策和收账政策等。

信用政策制定好了以后，家庭农场要从 3 个方面强化应收账款信用政策执行力度。一是做好客户资信调查。一般来说，客户的资信程度通常取决于 5 个方面，即客户的品德、能力、资本、担保和条件，也就是通常所说的“5C”系统，这 5 个方面的信用资料可以通过财务报表、信用评级报告、商业交往信息取得。对上述信息进行信用综合分析后，家庭农场就可以对客户的信用情况作出判断，并作出能否和该客户进行商品交易，做多大量，每次信用额控制在多少为宜，采用什么样的交易方式、付款期限和保障措施等方面的决策。二是加强应收账款的日常管理工作。具体来讲，可以从以下几个方面做好应收账款的日常管理工作：做好基础记录，了解客户（包括子公司）付款的及时程度；检查客户是否突破信用额度；掌握客户已过信用期限的债务；分析应收账款周转率和平均收账期，看流动资金是否处于正常水平；

对坏账损失的可能性预先进行估计，积极建立弥补坏账损失的准备制度；编制账龄分析表等。三是加强应收账款的事后管理。确定合理的收账程序、讨债方法。

2）应收票据管理

应收票据包括期票和汇票。期票是指债务人向债权人签发的，在约定日期无条件支付一定金额的债务凭证。汇票是指由债权人签发（或由付款人自己签发），由付款人按约定付款期限，向持票人或第三者无条件支付一定款项的凭证。家庭农场为了弥补无法收回应收票据而发生的坏账损失，应建立和健全坏账准备金制度。

（三）存货管理

存货是指家庭农场在正常生产经营过程中持有以备出售的产成品或商品，处在生产过程中的在产品，或在生产过程、劳务过程中消耗的材料、物料等。家庭农场存货除上述项目外，还包括收获的农产品、幼畜、生长中的庄稼等。

家庭农场滞留存货的原因：一方面是为了保证生产或销售的经营需要；另一方面是出自价格的考虑，零购物资的价格往往较高，而整批购买在价格上有优惠。但是，过多存货要占用较多资金，并且会增加包括仓储费、保险费、维护费、管理人员工资在内的各项开支。因此，进行存货管理就是尽力在各种成本与存货效益之间作出权衡，达到两者的最佳结合。

家庭农场提高存货管理水平的途径主要有：严格执行财务制度规定，使账、物、卡相符；采用 ABC 控制法，降低存货库存量，加速资金周转；加强存货采购管理，合理运作采购资金，控制采购成本；充分利用 ERP（企业资源管理系统）等先进的管理模式，实现存货资金信息化管理。

三、家庭农场固定资金管理

（一）家庭农场固定资金的内容和特点

固定资金是指家庭农场占用在主要劳动资料上的资金，其实物形态表现为固定资产，如工作机器、动力设备、传导运输设备、房屋及建筑物等。家庭农场固定资产还包括土地、堤坝、水库、晒场、养鱼池、生物性生物资产等。家庭农场把劳动资料按照使用年限和原始价值划分固定资产和低值易耗品。对于原始价值较大、使用年限较长的劳动资料，按照固定资产来进行核算；而对于原始价值较小、使用年限较短的劳动资料，按照低值易耗品来进行核算。

固定资产在较长时期内的多次生产周期中反复发挥作用，直到报废之前，仍然保持其实物形态不变。固定资产在使用过程中不可避免地会发生磨损，其价值也会随着它的损耗程度逐渐地、部分地转移并从产品实现的价值中逐渐地、部分地补偿。

固定资金在生产周转中表现出以下特点：周转期长；固定资产资金的价值补偿和实物更新分别进行；固定资金的投资是一次性的，而投资的收回分次进行。

（二）家庭农场固定资产管理的基本要求

固定资产具有价值高、使用周期长、使用地点分散、管理难度大等特点，为了保证生产对固定资产数量和质量的需要，同时还要提高固定资产的利用效率，家庭农场固定资产管理的基本要求有以下 5 点：第一，家庭农场要正确核定固定资产的需用量；第二，要保证固定资产的完整无缺；第三，要不断提高固定资产的利用效率；第四，要正确计算和提取固定资产折旧；第五，要加强固定资产投资预测和决策。

（三）家庭农场固定资产折旧

固定资产折旧是以货币形式表示的固定资产因损耗而转移到产品中去的那部分价值。计入产品成本的那部分固定资产的损耗价值，称为折旧费。

固定资产的价值损耗分为有形损耗和无形损耗。固定资产的有形损耗是指固定资产由于使用和自然力的作用而发生的物质损耗，前者称固定资产的机械磨损，后者称固定资产的自然磨损。固定资产无形损耗是指固定资产在社会劳动生产率提高和科学技术进步的条件下而引起的固定资产的价值贬值。

固定资产折旧方法如下。

1. 平均折旧法

平均折旧法是根据固定资产的应计折旧额（原值-预计净残值），按照固定资产的预计折旧年限、预计使用时间和预计总产量等平均计算固定资产的转移价值的方法，包括使用年限法、工作时数法、生产量法。

（1）使用年限法。使用年限法是将固定资产的应计折旧额按照固定资产的预计使用年限平均计提折旧的方法。

$$\text{年折旧额}=\frac{(\text{原价}-\text{预计残值收入}+\text{预计清理费用})}{\text{预计使用年限}} \tag{8.1}$$

$$\text{年折旧率}=\frac{(1-\text{预计净残值率})}{\text{预计使用年限}\times 100\%} \tag{8.2}$$

$$\text{年折旧额}=\text{固定资产原值}\times\text{年折旧率} \tag{8.3}$$

$$\text{月折旧率}=\frac{\text{年折旧率}}{12} \tag{8.4}$$

$$\text{月折旧额}=\text{固定资产原值}\times\text{月折旧率} \tag{8.5}$$

（2）工作时数法。工作时数法是根据固定资产的应计折旧额按照预计使用时数（或行驶里程）计提折旧的一种方法。

$$单位工作小时折旧额=\frac{原价\times（1-预计净残值率）}{预计总工作小时} \quad (8.6)$$

$$月折旧额=月工作小时数\times单位工作小时折旧额 \quad (8.7)$$

$$单位里程折旧额=\frac{原价\times（1-预计净残值率）}{预计总行驶里程} \quad (8.8)$$

$$月折旧额=月行驶里程\times单位里程折旧额 \quad (8.9)$$

（3）生产量法。生产量法是根据固定资产应计折旧额按照该项固定资产的预计生产总量（或预计提供的劳务总量）计提的一种方法。

$$单位生产量折旧额=\frac{原价\times（1-预计净残值）}{预计生产总量} \quad (8.10)$$

$$月折旧额=某月生产总量（或劳务总量）\times 单位生产量折旧额（或劳务量） \quad (8.11)$$

2. 加速折旧法

加速折旧法是加速和提前提取折旧的方法。固定资产投入使用的最初几年多提折旧，后期少提折旧，各期的折旧额是一个递减的数列，包括双倍余额递减法、年数总和法。之所以采用加速折旧法，是因为固定资产在全新时有较强的产出能力，可提供较多的营业收入和盈利，理应多提折旧；固定资产在投入使用的最初几年将固定资产的大部分（一般为50%~60%）收回，可减少无形损耗，有利于家庭农场采用先进技术；按照国际惯例，折旧费可计入生产成本，具有抵减所得税的作用，有利于保持各期的折旧费与修理费总和基本平衡。

（1）双倍余额递减法。双倍余额递减法是根据固定资产原值减去已提折旧后的余额，按照使用年限法的折旧率的两倍计算的折旧率计提折旧的一种方法。

$$年折旧率=\frac{2}{预计折旧年限}\times100\% \quad (8.12)$$

$$年折旧额=固定资产账面净值\times年折旧率 \tag{8.13}$$

$$月折旧率=\frac{年折旧率}{12} \tag{8.14}$$

$$月折旧额=固定资产账面净值\times月折旧率 \tag{8.15}$$

（2）年数总和法。年数总和法是以应计折旧额乘以尚余固定资产折旧年限（包括计算当年）与固定资产预计使用年限的年数总和之比计提折旧的一种方法。

$$各年折旧率=\frac{(预计使用年限-已使用年限)}{预计使用年限\times\frac{(预计使用年限+1)}{2}}\times100\% \tag{8.16}$$

计提固定资产折旧的时间：月份内增加的固定资产，当月不计提折旧，从下月起计提折旧；月份内减少或停用的固定资产，当月仍计提折旧，从下月起停止计提折旧；已提足折旧的固定资产继续使用时，不再计提折旧；尚未提足折旧而提前报废的固定资产，不再计提折旧。其未提足的折旧额，作为损失计入营业外支出。

四、家庭农场无形资产管理

（一）无形资产的特点

无形资产是指不具有实物形态而主要以知识形态存在的重要经济资源，它是为其所有者或合法使用者提供某种权利或优势的经济资源。无形资产具有如下主要特征。一是非独立性。无形资产是依附于有形资产而存在的，相对而言缺乏独立性，它体现一种权力或取得经济效益的能力。二是转化性。无形资产虽然是看不见、摸不着的非物质资产，但它同有形资产相结合，就可以相互转化并产生巨大的经济效益。三是增值性。无形资产能给家庭农场带来强大的增值功能，而且本身并无损耗。四是交易性。无形资产有其价值性而且具有交易性。五是潜在性。无形资产是在生产经营中靠自身日积月累、不断努力，经过长期提高逐渐培育出来的，如经验、技巧、人才、家庭农场精神、职工素质、家庭农场信誉等都潜在地存在于家庭农场中。

（二）加强对无形资产的保护

由于无形资产本身的非独立性、潜在性等特点，很容易让人忽视无形资产的存在，也很难让人相信这些看不见、摸不着的东西能作为家庭农场的资本。面对这种状况，首先，家庭农场要树立现代资本观念，不但要意识到家庭农场商标、专利权、专有技术等是家庭农场有价值的无形资产，还要意识到一个家庭农场长期以来形成的内部协调关系、与债权债务人的合作关系、稳定的营销渠道、家庭农场所处的地理位置、税收的优惠政策等都是家庭农场有价值的无形资产。其次，要增强无形资产是家庭农场重要的经营资源的观念。世界正步入知识经济时代，以知识与技术含量为特征的无形资产在家庭农场生产经营和资本运营中将起着越来越重要的作用。最后，要重视无形资产的核算和评估。一方面，家庭农场应建立无形资产管理责任制度和无形资产内部审计制度，应设立专门机构进行无形资产的全面管理；应充分关注自身无形资产的价值，加强无形资产的会计核算；应实施无形资产的监管，及时对无形资产的未来收益、经济寿命、资本化率进行评估和确认，确保无形资产的保值增值。另一方面，家庭农场应从技术手段和管理措施等多方面入手，做好无形资产保护和保密工作。

第三节　家庭农场的融资管理

一、家庭农场融资的优势

兴办一个家庭农场，由于经营规模较大，无论是大面积的农业生产所需要的种子、化肥、农药，还是灌溉、收割、运输、仓储，抑或是雇用农业劳动力，都需要大量的资金。农业生产的周期较长而受市场价值规律的制约，有时农产品会供过于求，农产品价格过低导致农民亏本，无法再进行下一年的农产品投资，在自有资金无法满足生产经营需要的情况下，都需要解决融资问题。解决融资问题，使资金在农场主的经营活动中获得良好的周转和循环，是目前家庭农场的首要任务。

现今，我国家庭农场正处在发展初期，各地区家庭农场融资困境主要有两个方面。一方面，融资金额较大，需求量总体呈上升趋势，自筹资金已很难满足发展需要，随着家庭农场经营规模的扩大，家庭农场主对信贷资金的需求力度也越来越大。另一方面，融资的成本越来越高。风险管理不足、缺乏有效的抵押资产、期货市场发育不成熟、政府补贴资金不足以及政策没有得到有效的实施等导致农场主的融资成本越来越高。但是，农场主个人作为融资主体相较于其他农业经营生产方式的融资主体有其特有的优势。首先，农场的经济效益与农场主密切相关，农场发展的好坏直接关系到农场主的利益。这种形式的融资主体积极性更强，对于融资的欲望更强。其次，家庭农场如同家族企业，具有传承性和延续性。经营良好的家庭农场传给下一代，会极大地减少他们的融资压力。最后，家庭农场有国家政策和相关机构的融资支持。

二、家庭农场融资方式

家庭农场主可以通过如下 3 种方式进行融资：国家财政资金、贷款和自筹。

（一）国家财政资金（政府资金投入）

近年来，我国各级政府对家庭农场进行了大量的资金投入，然而，这些资金投入相对于农场主们对资金的需求还远远不够。此外，各地区资金投入差异较大。家庭农场建设初期，加大政府资金投入，确保财政补贴政策的有效实施能够帮助部分家庭农场摆脱融资难题。

（二）贷款（金融机构贷款）

家庭农场在创业初期，由于处于投资期而往往很难盈利，周转资金不足，很多农场主想通过贷款的方式缓解经济压力。然而，我国普遍存在着“贷款难”的现象。由于银行业等金融机构实施较为严格的贷款抵押担保制度，农场主们通常缺乏有效的抵押手段，土地作为固定资产又是通过土地流转而得来的，缺乏抵押品的特征。因此，这种“贷款难”的现象需要政府、金融机构和农场主们共同协调才能得以解决。贷款难题的解决将会大幅度地改善融资困境。

（三）自筹（民间资本参与）

随着家庭农场的逐步推广，资金难题完全依靠政府补助已不现实，大部分资金还是需要农场主们自我筹集。如今，国内家庭农场的基础设施投入近80%是来自农场主们的自有资金和民间借贷。多数家庭农场实行“两费”自理（“两费”指的是生产费用和生活费用），这种自给自足的经营模式给农场主们的融资施加了极大的压力。农场主的部分自有资金因用于租用土地，已不能满足基础设施的投入。又因为从金融机构难以取得贷款，农场主选择向周围的人借用资金。而这些资金只能暂缓应对初期投资问题，对于真正解决融资问题作用很小。但民间资本参与的自筹形式是成本低、速度快的一种筹资方式。

三、家庭农场融资方式

（一）农场主加强与政府、金融机构三方协作

积极争取政府对那些向农场主提供贷款的金融机构的政策性

补助，争取农村信用社对家庭农场的信贷支持；争取民间资本积极参与到家庭农场建设，加大对农场的基础设施投入。积极了解金融机构的贷款限制，争取银行、信用社放宽对农场主的贷款限制，降低贷款利率，实行差异性贷款模式，对不同经营规模的农场主给予不同程度的贷款限额。也有一些地区，以“优惠贷款”“专项资金”“贴息贷款”的方式支持家庭农场发展，家庭农场主要通过各种信息渠道，力争获取这些政策性的资金扶持项目，减轻农场的融资压力。

（二）尝试新的融资担保服务

在相关法律规定修改前，可以参考一些地区通过国务院批准试点的方式，探索破解农村产权抵押难题，以降低市场参与主体特别是银行面临的法律风险。例如，温州出台了《关于推进农村金融体制改革的实施意见》《关于推进农房抵押贷款的实施办法》，使农村房屋抵押贷款有章可循。随后，温州又出台了《农村产权交易管理暂行办法》，规定 12 类农村产权可以进入市场交易：农村土地承包经营权；林地使用权、林木所有权和山林股权；水域、滩涂养殖权；农村集体资产所有权；农村集体经济组织股权；依法可以交易的农村房屋所有权；依法可以交易的农村集体经营性建设用地使用权；农业装备所有权（包括渔业船舶所有权）；活体畜禽所有权；农产品期权；农业类知识产权；其他依法可以交易的农村产权。

（三）联保贷款

农场主之间可以互相合作，实行联保贷款；农场主之间加强交流，家庭农场经营好的农场主可以为正遇到融资困境的农场主提供实践性经验。

第四节　家庭农场的成本与利润管理

一、家庭农场成本费用管理

成本是商品价值的组成部分。人们要进行生产经营活动或达到一定的目的，就必须耗费一定的资源（人力、物力和财力），其所费资源的货币表现及其对象化的开支称之为成本。

（一）成本与费用的概念

成本与费用是两个不同的概念。成本一般指生产经营成本，是按照不同产品或提供劳务而归集的各项费用之和。我国现行财务制度规定，产品成本是指产品制造成本，是生产单位为生产产品或提供劳务而消耗的直接材料、直接工资、其他直接支出和制造费用的总和。费用常指生产经营费用，是家庭农场在一定时期内为进行生产经营活动而发生的各种消耗的货币表现。

成本与生产经营费用都反映家庭农场生产经营过程的耗费，生产费用的发生过程往往又是产品成本的形成过程。二者的区别在于耗费的衡量角度不同，成本是为了取得某种资源而付出的代价，是按特定对象所归集的费用，是对象化的费用；费用是对某会计期间家庭农场所拥有或控制的资产耗费，是按会计期间归属，与一定会计期间相联系而与特定对象无关。另外，生产经营费用既包括直接费用、制造费用，还包括期间费用，成本只包括直接费用和制造费用。

（二）成本与费用的构成

1. 产品成本项目构成

（1）直接材料，是指生产产品和提供劳务过程中所消耗的，直接用于产品生产，构成产品实体的原料及主要材料、外购半成品及有助于产品形成的辅助材料和其他直接材料。

（2）直接工资，是指在生产产品和提供劳务过程中，直接参加产品生产的工人工资、奖金、补贴。

（3）其他直接支出，包括直接从事产品生产人员的职工福利费等。

（4）制造费用，是指应由产品制造成本负担的，不能直接计入各产品成本的有关费用，主要指各生产车间管理人员的工资、奖金、津贴、补贴，职工福利费，生产车间房屋建筑物、机器设备等的折旧费，租赁费（不包括融资租赁费），修理费，机物料消耗，低值易耗品摊销，取暖费（降温费），水电费，办公费，差旅费，运输费，保险费，设计制图费，试验检验费，劳动保护费。

2. 期间费用项目

期间费用是指家庭农场本期发生的、不能直接或间接归入营业成本，而是直接计入当期损益的各项费用，包括销售费用、管理费用和财务费用等。

（1）销售费用，即家庭农场在销售过程中所发生的费用。具体包括应由家庭农场负担的运输费、装卸费、包装费、保险费、展览费、销售佣金、委托代销手续费、广告费、租赁费和销售服务费用，专设销售机构人员工资、福利费、差旅费、办公费、折旧费、修理费、材料消耗、低值易耗品摊销及其他费用。但家庭农场内部销售部门属于行政管理部门，所发生的经费开支，不包括在销售费用之内，而应列入管理费用。

（2）管理费用，即家庭农场管理和组织生产经营活动所发生的各项费用。管理费用包括的内容较多，具体包括公司经费，即家庭农场管理人员工资、福利费、差旅费、办公费、折旧费、修理费、物料消耗、低值易耗品摊销和其他经费；工会经费，即按职工工资总额的一定比例计提拨付给工会的经费；职工教育经费，即按职工工资总额的一定比例计提，用于职工培训学习以提高文化技术水平的费用；劳动保险费，即家庭农场支付离退休职工的退休金或按规定缴纳的离退休统筹金、价格补贴、医药费或医疗保险费、退职金、病假人员工资、职工死亡丧葬补助费及抚恤费、按规定支付离退休人员的其他经费；差旅费，即家庭农场董事会或最高权力机构及其成员为执行职能而发生的差旅费、会议费等；咨询费，即家庭农场向有关咨询机构进行科学技术经营管理咨询所支付的费用；审计费，即家庭农场聘请注册会计师进行查账、验资、资产评估等发生的费用；诉讼费，即家庭农场因起诉或应诉而支付的各项费用；税金，即家庭农场按规定支付的房产税、车船使用税、土地使用税、印花税等；土地使用费，即家庭农场使用土地或海域而支付的费用；土地损失补偿费，即家庭农场在生产经营过程中因破坏土地而支付的费用；技术转让费，即家庭农场购买或使用专有技术而支付的费用；技术开发费，即家庭农场开发新产品、新技术所产生的新产品设计费、工艺规程制定费、设备调整费、原材料和半成品的试验费、技术图书资料费、未获得专项经费的中间试验费及其他有关费用；无形资产摊销，即场地使用权、工业产权及专有技术和其他无形资产的摊销；递延资产摊销，即开办费和其他递延资产的摊销；坏账损失，即家庭农场年末应收账款的损失；业务招待费，即家庭农场为业务经营的合理需要在年销售净额一定比例之内支付的费用；其他费用，即不包括在上述项目中的其他管理费用，如绿化费、排污费等。

（3）财务费用，即家庭农场为进行资金筹集等理财活动而发生的各项费用。财务费用主要包括利息净支出、汇兑净损失、金融机构手续费和其他因资金而发生的费用。利息净支出包括短期借款利息、长期借款利息、应付票据利息、票据贴现利息、应付债券利息、长期应付融资租赁款利息、长期应付引进国外设备款利息等，家庭农场银行存款获得的利息收入应冲减上述利息支出；汇兑净损失指家庭农场在兑换外币时因市场汇价与实际兑换汇率的不同而形成的损失或收益，以脱离因汇率变动期末调整外币账户余额而形成的损失或收益，当发生收益时应冲减损失；金融机构手续费包括开出汇票的银行手续费等。

（三）家庭农场成本费用管理

加强成本费用管理、降低生产经营耗费，有利于促使家庭农场改善生产经营管理、提高经济效益，是扩大生产经营的重要条件。

1. 成本费用管理原则

（1）正确区分各种支出的性质，严格遵守成本费用开支范围。

（2）正确处理生产经营消耗同生产成果的关系，实现高产、优质、低成本的最佳组合。

（3）正确处理生产消耗同生产技术的关系，把降低成本同开展技术革新结合起来。

2. 家庭农场降低成本费用的途径与措施

（1）节约材料消耗，降低直接材料费用。车间技术检查员要按图纸、工艺、工装要求进行操作，实行首件检查，防止成批报废。车间设备员要按工艺规程规定的要求监督设备维修和使用情况，不合要求不能开工生产。供应部门材料员要按规定的品种、规格、材质实行限额发料，监督领料、补料、退料等制度的执行。生产调度人员要控制生产批量，合理下料，合理投料。车间材料费的日常控制，一般由车间材料核算员负责，要经常收集材料，分析对比，追踪原因，会同有关部门和人员提出改进措施。

(2) 提高劳动生产率，降低直接人工费用。工资在成本中占有一定比重。工资与劳动定额、工时消耗、工时利用率、工人出勤率与技术熟练程度等因素有关，要减少单位产品中工资的比重，提高劳动生产率，保证工资与效益同步增长。

(3) 推行定额管理，降低制造费用。制造费用项目很多，发生的情况各异。有定额的按定额控制，没有定额的按各项费用预算进行控制。各个部门、车间、班组分别由有关人员负责控制和监督，并提出改进意见。

(4) 加强预算控制，降低期间费用。严格控制期间费用开支范围和开支标准，不得虚列期间费用，正确使用期间费用核算方法和结转方法。

(5) 实行全面成本管理，全面降低成本费用水平。成本费用管理是一项系统工程，需要对成本形成的全过程进行管理，从产品的设计投产到产品生产、销售，都要注意降低产品成本。成本费用控制得到高层领导的支持是非常重要的，而家庭农场的日常事务，是由广大员工来执行的，他们会直接或间接地影响成本费用水平。因此，要加强宣传，使成本费用管理理念深入每一个员工心里。

二、家庭农场的利润管理

(一) 利润的概念

利润是家庭农场劳动者为社会创造的剩余产品价值的表现形式。利润是家庭农场在一定时期内，从生产经营活动中取得的总收益，扣除各项成本费用和有关税金后的净额，包括营业利润、投资净收益、补贴收入和营业外收支净额等。

（二）家庭农场总利润的构成

（1）营业利润的计算公式如下。

$$利润总额=营业利润+投资净收益+补贴收入+营业外收入-营业外支出 \quad (8.17)$$

$$营业利润=主营业务利润+其他业务利润-管理费用-营业费用-财务费用 \quad (8.18)$$

$$主营业务利润=主营业务收入-主营业务成本-主营业务税金及附加 \quad (8.19)$$

$$其他业务利润=其他业务收入-其他业务支出 \quad (8.20)$$

（2）投资净收益的计算公式如下。

$$净利润=利润总额-所得税 \quad (8.21)$$

（3）补贴收入是指家庭农场按规定实际收到退还的增值税，或按销量或工作量等依据国家规定的补助定额计算并按期给予的定额补贴，以及属于国家财政扶持的领域而给予的其他形式的补贴。

（4）营业外收入主要包括固定资产盘盈、处置固定资产净收益、处置无形资产净收益、罚款净收入等。

（5）营业外支出主要包括处置固定资产净损失、处置无形资产净损失、债务重组损失、计提的固定资产减值准备、计提的无形资产减值准备、计提的在建工程减值准备、固定资产盘亏、非常损失、罚款支出、捐赠支出等。

（三）家庭农场利润的分配

利润分配，是将家庭农场实现的净利润，按照国家财务制度规定的分配形式和分配顺序，在国家、家庭农场和投资者之间进行的分配。利润分配的过程与结果，是关系到所有者的合法权益能否得到保护，家庭农场能否长期、稳定发展的重要问题。为此，家庭农场必须加强利润分配的管理和核算。

1. 利润分配的原则

（1）依法分配原则。家庭农场利润分配的对象是家庭农场缴纳所得税后的净利润，家庭农场有权自主分配这些净利润。国家有关法律法规如《中华人民共和国公司法》（以下简称《公司法》）等对家庭农场利润分配的基本原则、一般次序和重大比例也作了较为明确的规定，其目的是保障家庭农场利润分配的有序进行，维护家庭农场和所有者、债权人以及职工的合法权益，促使家庭农场增加积累，增强风险防范能力。利润分配在家庭农场内部属于重大事项，家庭农场在利润分配中必须依法分配，对利润分配的原则、方法、决策程序等内容作出具体而又明确的规定。

（2）资本保全原则。资本保全是注册类型为有限责任公司的现代家庭农场制度的基础性原则之一，家庭农场在分配中不能侵蚀资本。利润的分配是对经营中资本增值额的分配，不是对资本金的返还。按照这一原则，一般情况下，家庭农场如果存在尚未弥补的亏损，应首先弥补亏损，再进行其他分配。

（3）充分保护债权人利益原则。债权人的利益按照风险承担的顺序及其合同契约的规定，家庭农场必须在利润分配之前偿清所有债权人到期的债务，否则不能进行利润分配。同时，在利润分配之后，家庭农场还应保持一定的偿债能力，以免产生财务危机，危及家庭农场生存。

（4）利益兼顾原则。利润分配的合理与否是利益机制最终能否持续发挥作用的关键。利润分配涉及投资者、经营者、职工等多方面的利益，家庭农场必须兼顾，并尽可能地保持稳定的利润分配。在家庭农场获得稳定增长的利润后，应增加利润分配的数额或百分比。同时在积累与消费关系的处理上，家庭农场应贯彻积累优先的原则，合理确定积累和分配给投资者利润的比例，使利润分配真正成为促进家庭农场发展的有效手段。

2. 利润分配的程序

利润分配程序是指公司制家庭农场根据适用法律、法规或规定，对家庭农场一定期间实现的净利润进行分配必须经过的先后步骤。

（1）弥补以前年度的亏损。按照我国财务和税务制度的规定，家庭农场的年度亏损，可以由下一年度的税前利润弥补，下一年度税前利润尚不足以弥补的，可以用以后年度的利润继续弥补，但用税前利润弥补以前年度亏损的连续期限不超过 5 年。5 年内弥补不足的，用本年税后利润弥补。本年净利润加上年初未分配利润为家庭农场可供分配的利润，只有可供分配的利润大于零时，家庭农场才能进行后续分配。

（2）提取法定公积金。根据《公司法》的规定，公司分配当年税后利润时，应当提取利润的百分之十列入公司法定公积金。公司法定公积金累计额为公司注册资本的百分之五十以上的，可以不再提取。公司的公积金用于弥补公司的亏损、扩大公司生产经营或者转为增加公司资本。但是，资本公积金不得用于弥补公司的亏损。法定公积金转为资本时，所留存的该项公积金不得少于转增前公司注册资本的百分之二十五。

（3）提取任意公积金。根据《公司法》的规定，公司从税后利润中提取法定公积金后，经股东会或者股东大会决议，还可以从税后利润中提取任意公积金。

（4）向投资者分配利润。根据《公司法》的规定，公司弥补亏损和提取公积金后所余税后利润，可以向股东（投资者）分配股利（利润），其中有限责任公司股东按照实缴的出资比例分取红利，全体股东约定不按照出资比例分取红利的除外；

股份有限公司按照股东持有的股份比例分配，但股份有限公司章程规定不按持股比例分配的除外。

根据《公司法》的规定，在公司弥补亏损和提取法定公积金之前向股东分配利润的，股东必须将违反规定分配的利润退还公司。

第九章 家庭农场制度管理与风险防范

第一节 家庭农场经营计划

一、家庭农场经营计划的准备

（一）经营计划的概念

经营计划是家庭农场对未来生产经营活动进行预测和选择行动方案的过程，是对未来活动的目标、方案和步骤的设计。家庭农场要想有效地进行农业生产活动，就必须预测事物发展的前景，明确未来的目标，选择实现目标的行动方案，并制订工作步骤。

经营计划有广义与狭义之分。广义的经营计划包括预测、决策和实施计划 3 个方面的内容。预测是对事物发展的趋势和后果作出科学估计，以提高难度预见性和应变能力，为决策提供依据；决策是为实现一定目标，从多种备选方案中，选出一个最优方案；实施计划则是决策的具体化，即为使决策付诸实施而制订的具体计划。狭义的经营计划仅指实施计划。本节主要从广义的角度阐述家庭农场经营计划的准备、编制、执行以及控制。

（二）经营计划的准备

在编制经营计划之前，应做好经营计划的准备工作。

1. 认识环境

环境是家庭农场进行生产经营活动的外部条件，包括自然环境、经济环境、社会环境等方面。它是家庭农场生产经营活动的前提。

在进行计划管理之前，首先要认识环境、了解环境，通过对环境的认识，可以更好地把握机会，减少不确定性因素所造成的风险损失，可以更好地预测未来的发展趋势，增强应变能力。

认识环境基于调查和预测，调查用于了解历史与现实的状况，预测是用来推测未来的发展变化趋势。认识环境包括以下3方面内容。

（1）自然环境。自然环境指可供家庭农场利用的自然资源，包括由温度、日照、降水量等因素组成的自然资源，由土壤、地貌、矿藏等因素组成的土地资源，由各种植物、动物、微生物等组成的生物资源。只有充分认识自然环境，才能发挥当地的资源优势，有效地利用自然资源。

（2）经济环境。主要包括经济制度、经济政策、经济发展水平、市场供求状况、经济管理体制等内容。认识经济环境，有利于家庭农场把握经济发展趋势，在市场竞争中占据有利地位。

（3）社会环境。主要包括社会政治环境和社会文化环境。社会政治环境主要指国家的方针、政策、法律法规、政治制度、国内外形势等。社会文化环境主要指文化水平、风俗习惯、宗教信仰、社会价值观念等内容。认识社会环境，可以使家庭农场经营计划的制订更具有社会意义。

2. 分析条件

分析条件主要是指分析家庭农场生产经营地区的自然、经济、社会资源的状况，技术、设备、管理方面的因素，以及由上述因素所形成的综合生产能力和现已达到的发展水平。通过现实条件的分析，认识现状，找出不足之处和发展优势，为家庭农场经营计划的制订提供科学的理论依据。

3. 估量机会

对机会进行估量是家庭农场编制经营计划之前的一项准备工作。其内容主要包括：初步考察未来可能出现的机会，清楚全面地了解这些机会的能力；根据自身的长处和短处弄清楚自己所处的地位，明确为什么期望解决这些问题，期望得到什么样的结果。能否把现实可行的目标确定下来，就取决于对机会的估量。估量机会要依赖于调查和预测。

二、家庭农场经营计划的编制

经营计划的编制必须依据一定的程序来进行，才能使经营计划更符合要求和更加科学实用。

（一）编制经营计划的依据

编制经营计划需要各种数据、资料和生产经营情况作为基础和依据，一般来说编制经营计划的主要依据包括以下 5 个方面。

（1）国家规定的有关路线、方针、政策、法律、法规。

（2）市场调查与预测，包括市场的供求状况及市场的开拓、发展的前景。

（3）相关的农业生产技术资料、原始数据、统计资料等。

（4）实际农业生产经营情况，包括生产能力、地方经济特色、农产品的市场竞争力等。

（5）与农业生产经营活动相关的信息。

（二）编制经营计划的步骤

经营计划是家庭农场为生产经营活动的未来确定目标和制订实现目标方案的过程。它要解决两个基本问题：一是如何确定生产经营活动的目标；二是如何实现这个目标。为了解决这两个基本的问题，应当搞清楚经营计划包括哪些主要步骤，这些步骤之间的关系以及如何做好这些工作。

编制经营计划的主要步骤包括确立目标，确定前提条件，拟订可供选择的方案，评价可供选择的方案，选定最优方案，拟订派生计划，编制预算计划等。

1. 确定目标

计划工作本身的第一步就是为家庭农场生产经营活动确定计划工作的目标。家庭农场经营活动的目标为其制订经营计划指明了方向，经营计划又是这些目标的具体反映。确定目标时应体现准确性。目标的准确性应符合以下要求。

（1）目标应是先进的，可能实现的。

（2）目标的含义是单一的，而不是多义的。

（3）规定实现目标的期限。

（4）确定实现目标的前提条件。

（5）尽可能使目标数量化。

2. 确定前提条件

计划工作的前提条件就是计划工作的假设条件，即计划实施时的预期环境。计划工作的前提条件所包含的内容很广，有内部条件，如家庭农场的管理水平、素质、设备水平等；还有外部条件，如市场需求、价格、产品发展方向、技术发展状况、成本等。

3. 拟订可供选择的方案

方案的作用是寻求实现目标的有效途径。为实现计划目标，需要拟订多个备选方案。如果可供选择的方案过少，可能会漏掉最佳的选择方案，不能保证计划的正确，所以要尽可能多地拟订可供选择的方案。

4. 评价可供选择的方案

多种可供选择的方案确定后，要对其进行评价，从中选出最优方案。方案的评价工作是复杂的，因此必须审慎进行。

做好方案的择优工作，首先要明确评价标准。一般的评价标准是技术上的先进性、经济上的合理性、生产上的可行性，最佳方案应满足上述3个方面的要求。其次要进行可行性研究，即根据上述标准对各种备选方案加以评价。

5. 选定最优方案

选定最优方案是计划工作的核心，是至关重要的一步。一般择优的方法有以下3种。

（1）经验判断法。根据以往的经验和资料作出判断，从而选出最佳方案。

（2）数学分析法。应用数学模型选出最佳方案，如运用运筹学、决策学等方法。

（3）试验法。通过试验所获得的数据来比较不同方案的优劣，并选出最佳方案。

选用哪一种择优方法，应按照决策的类型和家庭农场掌握资料的具体情况而定。

6. 拟订派生计划

作出决策后，并不意味着计划工作的完成，一般要制订相应的派生计划来扶持这个基本计划。例如，家庭农场在生产经营过程中，当作出引进一条农业生产线的决策后，这个决策就成为制订一系列派生计划的标准，各种派生计划都要围绕它来拟订，如拟定购买设备的计划、扩建维修设施的计划、筹措资金的计划等。

7. 编制预算计划

编制计划工作的最后一步，是把计划转化为预算，使之数字化。预算工作可以成为汇总各类计划的一种工具，也可以成为衡量计划工作进度的重要标准。

（三）经营计划的编制方法

经营计划的编制方法有很多，这里介绍几种基本的方法。

1. 定额法和比例法

定额是家庭农场在一定技术、经济和管理条件下，完成单位产品或工作所规定的人力、物力、财务所占用消耗的数量标准，包括人员定额、劳动定额、物资消耗定额、生产费用定额等。定额法是根据有关定额来计算，确定计划指标的方法，如根据物资消耗定额和产量计划来计算原材料需要量等。

比例法又称间接法，是利用两个相关的经济指标之间长期形成的比例，来推算并确定有关计划指标的方法。如依据辅助材料消耗量和主要材料消耗量的比例，乘以计划期内的主要材料消耗量来推算计划期内辅助材料的需要量。运用比例法确定计划指标，要正确掌握相关量之间的比例关系，同时还应充分考虑计划期内生产技术条件可能发生的变化，对计算结果进行必要的修正，使之更加符合实际。

2. 平衡法

平衡法是家庭农场从生产经营的整体出发，根据各个环节、各种因素、各项指标之间的相互制约关系，利用平衡表的形式，经过反复平衡分析、计算，来确定计划指标。平衡法是在数量上协调投入要素之间以及投入与产出之间的比例关系的一种方法。借助平衡表来分析和安排有关计划指标，使计划在时间、空间、人力、财力、物力等方面协调一致，达到一种平衡。在计划工作中，应充分注意到平衡的内容是多方面的，如生产与销售、生产与物资供应、数量与质量等方面的平衡。通过平衡表进行逐项平衡，发现余缺应积极采取可行措施加以解决，以保证计划的实现，取得最大的经济效益。

（1）物资平衡表，以实物形态反映物资产品的生产与需要之间的平衡关系，按各种主要产品，如粮食、饲料、化肥、农药、种子、燃油等分别进行编制。

（2）劳动力平衡表，是反映家庭农场对劳动力资源及其利用情况的平衡表。编制劳动力平衡表，一方面可以保证家庭农场生产经营中对劳动力的需要；另一方面通过发展生产使农村剩余劳动力得到充分利用，实现农村剩余劳动力实现有计划地合理流动。

3. 滚动计划法

滚动计划法是根据计划执行情况以及内外环境条件的变化，不断调整和修改计划，把近期计划与长期计划相结合的一种计划编制方法。通过不断调整和修订计划以适应内外环境的新变化，使得计划更加符合实际情况。这是一种比较灵活的计划编制方法。以编制 5 年计划为例，编制滚动计划的具体做法：首先编制 2023 年的 5 年计划，然后根据 2023 年实际完成情况结合具体经济形势和内外环境变化进行修订，找出影响因素，最后再编制一个新的更适应当前形势的计划，这样使计划经过逐年调整而更接近实际。

三、家庭农场经营计划的执行

经营计划一经确定，就要在实际生产中加以执行。

（1）明确目标，层层落实。明确各环节的工作目标，把经营目标层层分解、落实，做到层层有对策、层层有计划。根据实际生产情况，合理布局，科学地组织生产经营。

（2）合理安排资源。在计划实施过程中，要合理安排人力、物力、财力，按计划要求协调作业进度，使资源有效合理配置，平衡生产能力。

（3）监察落实情况。按照预定经营计划指标和标准，监督、检查实际生产经营中的执行情况；消除生产中的薄弱环节，使经营计划得以实现。

四、家庭农场经营计划的控制

经营计划的控制是为了保证实际工作及其结果能与计划和目标一致而采取的一切管理活动。它通过不断接受和交换内外信息，按照预定的计划指标和标准，监督、检查实际计划的执行情况，发现偏差，找出原因，并根据环境条件的变化自我调整，使家庭农场的生产经营活动能按预定的计划进行，确保经营计划的完成和目标的实现。

要保证经营计划的实现，必须在计划的执行过程中加以控制，使生产经营能够按照预定的目标稳步运行。

（一）经营计划的控制程序

1. 确立标准

控制要有标准，计划及其相应的各项工作指标是控制工作所要依据的标准。但是，由于各种计划的详尽程度不同，对于许多需要控制的工作，计划常常没有具体的标准。因此，控制工作的第一步就是要使计划细分，并作为工作的具体标准和衡量工作业绩的规范。制定标准要解决两个问题：一是控制范围大小，总的原则是，应该对所有与计划目标有紧密联系的活动实施控制；二是控制的标准要求。确定控制标准的方法常用的有 3 种：统计性标准、估价性标准和工程标准。统计性标准以过去的历史数据为基础，经过分析，确立现在的控制标准。估价性标准是在缺乏充分资料数据的情况下，以过去的经验为基础进行估计评价，确立控制标准。工程标准是以具体工作所作的客观定量分析为基础制定的控制标准。常用的标准有 4 种：时间标准、成本费标准、数量标准和质量标准。一项好的标准应符合 4 个要求。

（1）一致性。标准应在相同范围和条件下适用，标准之间相辅相成，不能互相矛盾。

（2）可行性。标准水平的高低要适当。

（3）稳定性。标准一经制定，可在较长的时间内适用。

（4）简单性。标准应通俗易懂，便于理解和执行。

2. 衡量业绩效率

这一步骤是对实际工作的情况与标准进行比较，找出偏差及产生偏差的原因，以便提供纠正措施。

衡量业绩效率关键的一条是确保有关工作信息的及时性、可靠性和有效性。信息的及时性是保证适时发现和解决问题的基础。信息的可靠性是对实际成效作出正确评价与判断的基础。信息的有效性指信息必须能够说明问题。在实际工作中，要善于从各种信息中选出与问题有关的信息。

衡量业绩效率的过程，包括以下工作内容：建立各种记录和报表，设计信息沟通和反馈渠道，确定信息搜集和处理方式，分析标准与实际执行情况的差异，形成工作执行情况报告等。在这个过程中，除了上述要求外，还要注意：一是工作执行情况报告内容详细程度应与标准一致，资料和分析过于详细会浪费时间，过于简单又会因缺乏对实际情况的必要了解而无法进行标准化管理；二是综合运用各种方法，为了及早发现偏差和预见偏差，在分析中要运用各种方法，包括会计分析、统计分析、业务分析和系统分析等。

对没有达到标准的计划要具体分析，找出原因，在一般情况下，产生偏差的原因可能有 3 种：一是计划脱离实际，计划的制订没有联系实际，缺乏调查研究；二是环境发生变化，计划内容切合实际，但在实施中出现了新情况、新问题；三是计划内容切合实际，实施中也未出现较大的新情况，但在执行中组织协调不当。

（二）计划控制的方式

在家庭农场生产经营过程中，实行计划控制有 3 种基本方式。

1. 排除干扰的方式

在计划运行之前，尽力排除内外环境对实施计划产生的干扰因素，保证计划的正常运行。

2. 补偿干扰的方式

补偿干扰的方式是对由于内外环境变化而产生的干扰因素，采取补救措施，即使干扰因素进入生产经营中，也能消除其不良影响，使生产活动仍按原计划进行。

3. 平衡和调节偏差的方式

这种方式是指对计划执行中发生的偏差采取平衡和调节的方式加以控制。运用这一控制方式有两个条件：一是信息的传递迅速、及时；二是平衡调节措施及时、有效。

（三）计划控制的内容

在家庭农场生产经营活动中，计划控制的具体内容主要有以下 6 个方面。

1. 生产控制

家庭农场对生产计划、目标、标准、指标的组织执行和监督，以保证其实现的控制。生产控制的内容有生产合理布局，编制作业计划，日常的生产调度等。生产控制的目标是使产品在生产过程中消耗少、产出速度快、产品质量好，保证人力、物力、财力的合理利用，并保证均衡生产，达到经济性、连续性、协调性和均衡性的要求。

2. 质量控制

家庭农场利用科学的方法和手段对产品质量实行监督检验与控制，目的在于保证产品质量，使其达到规定的标准要求。

3. 进度控制

家庭农场对作业或工作进度进行控制，目的是使作业或工作正常进行，在时间上衔接、步调上一致，保证按期完成任务。

4. 成本控制

家庭农场以降低生产经营成本为目标，把影响成本的各种耗费控制在计划和标准范围内。

5. 预算控制

家庭农场利用财务预算对生产经营活动进行的控制。根据预算计划来检查各项收入和费用的完成情况和进度，及时估计达不到预算的可能性；寻找发生偏差的原因，按预算费用开支，在必要时调整预算，以适应变化，尽可能采用弹性预算。

6. 定额控制

家庭农场在生产经营活动中，对人、财、物的使用和消耗实行严格的定额管理。通过制定劳动定额、物资定额、消耗定额及财务定额等措施，有效地控制人、财、物的占用与消耗，更加合理、有效地综合利用各项资源。

第二节　家庭农场基本制度管理

家庭农场作为农业生产组织者、食物提供者，是农业新型经营主体的主力军，在现代农业产业化发展的过程中具有基础性的地位和作用，为此，加强家庭农场的规范化建设成为促进农业产业化发展的当务之急。家庭农场规范化建设涉及许多管理内容，其中，加强制度建设是首要工作。

家庭农场作为一个经营实体，需要建立规章制度。管理制度一般是针对曾经发生或者容易发生的问题而制定的，这是控制和避免重复发生错误的需要，也是规范各类行为的需要。家庭农场制定规章制度后，农场主要带头严格执行，才能发挥制度管理的合理性和科学性。

家庭农场的管理制度涉及许多内容，主要包括如下基本制度。

一、家庭农场章程

家庭农场章程是管理制度的总纲，主要内容包括：一是家庭农场组建的规定性，如家庭农场名称、注册地址、主要负责人、经营范围；二是家庭农场出资人的投资、出资方式等；三是规定家庭农场采用的财务会计核算和劳动工资制度的依据；四是家庭农场的解散和清算，包括解散的条件、解散的程序、财产的处置、债务清偿等。

二、家庭农场岗位责任制度

岗位责任制度主要规定家庭农场各个工作岗位的职责、任务，明确农场成员相互间的分工协作。岗位责任制度应该包括农场主、生产主管、销售主管、人事主管、财务主管等岗位的责任制度。

三、标准化生产管理制度

家庭农场应结合自身行业特点，科学制定生产操作规范，制定完善各项生产管理制度，严格农业投入品管理使用；严格种子、种畜管理使用；严格按照农药合理使用准则系列标准（GB/T 8321.1~10）和《农药管理条例》执行，严格执行禁（限）用农药以及安全间隔期的规定；严禁使用各类禁用药品。家庭农场还应按照产地环境保护、产品质量安全管理要求，加强农产品标准化生产管理，制定标准化生产操作规程，建立健全生产记录档案。

四、财务管理制度

家庭农场应根据国家规定的会计核算办法，结合自身实际建立健全财务会计制度，准确核算本农场生产经营收支，与家庭其他收支分开。家庭农场应配备必要的专职或兼职财务人员，参与财务会计工作。有条件的可以聘请有资质的会计机构或会计人员代理记账，实行会计电算化。

五、品牌和示范创建制度

家庭农场应加强品牌创建工作，制定有关品牌创建与管理的制度，积极争取无公害农产品、绿色食品、有机食品和国家地理标志认证，积极申报注册产品商标，积极参与产品展示、推介、交流活动。

六、雇用工管理制度

家庭农场以家庭成员为主要劳动力，要减少或控制雇用工数量。家庭农场若长期雇用农工，应签订规范的劳务合同，保障劳动安全，按时足额兑现劳务报酬。并按国家规定参加社会保险，为员工缴纳社会保险费。

七、其他制度

包括会议制度、培训制度、考勤制度、奖惩制度、档案制度等。

第三节　家庭农场“一码通”管理服务制度

一、家庭农场“一码通”的概念

家庭农场“一码通”是农业农村部对全国家庭农场赋予、归集展示家庭农场信息，作为家庭农场纳入全国家庭农场名录系统（以下简称名录系统）管理的唯一标识。赋码工作依托名录系统开展，纳入名录系统且完成上年度数据信息更新的家庭农场，均可提出赋码申请。

家庭农场"一码通"编码由数字码和二维码共同组成（图9-1）。其中，数字码参照统一社会信用代码编码规则，由十八位的大写英文字母和阿拉伯数字组成，包括第1位农业农村部门代码（N）、第2位家庭农场代码（J）、第3~8位家庭农场所在的县级行政区划代码、第9~17位家庭农场标识码、第18位校验码5个部分；二维码包含家庭农场基本情况、经营规模、商标和产品质量认证等信息，内置互联网链接，通过扫描二维码可读取查询相关信息（图9-2）。

图9-1　家庭农场"一码通"编码（样码）

家庭农场"一码通"编码具有唯一性，一经赋予，在该家庭农场存续期间保持不变。

图 9-2　家庭农场信息

二、使用家庭农场“一码通”的好处

家庭农场用码后，可供消费者便捷获取家庭农场及产品信息，实现家庭农场直接获客。通过社企对接、政银合作等机制，向农业产业链上下游市场主体、金融保险机构等集成推送家庭农场“一码通”编码，便利其与家庭农场开展业务合作，为家庭农场提供精准服务。

三、家庭农场“一码通”的申请

家庭农场“一码通”由家庭农场自愿提出赋码申请。家庭农场可通过“新型农业经营主体管理系统”微信小程序（图9-3），进入全国家庭农场“一码通”赋码申请系统（图9-4），按照提示依次进行实名认证、账号绑定、申请赋码操作，并自主选择“一码通”赋码事项。

图9-3　新型农业经营主体管理系统

图 9–4　全国家庭农场“一码通”赋码申请系统

县级农业农村部门负责本辖区家庭农场“一码通”的业务管理工作，要切实履行职责，认真审核家庭农场的赋码申请和相关数据信息，符合赋码条件的及时赋码。

四、下载使用“一码通”编码

家庭农场可以通过“新型农业经营主体管理系统”微信小程序，点击“我的农场”模块，查看家庭农场信息及赋码状态。赋码申请通过审核后，可以查看、下载“一码通”编码，并根据生产经营需要加以应用。

五、及时更新名录系统数据

家庭农场生产经营信息发生变更的，应当及时登录名录系统更新相关数据信息，并于每年 2 月底前完成上年度生产经营数据更新，确保“一码通”编码关联信息真实准确。

第四节 家庭农场风险防范

家庭农场风险防范是有目的、有意识地通过计划、组织、控制和监察等活动来阻止风险损失的发生，削弱损失发生的影响程度，以获取最大利益。由于农业产业既受到经济规律的影响，也受到自然规律的制约，所以从事农业生产面临各方面的风险。随着家庭农场经营规模的扩大，风险也会增加，为此，家庭农场必须有一个良好的风险控制体系，重点做好以下 4 种风险的防控。

一、自然风险

农业最大风险是自然风险。农业需要借助自然资源、自然条件进行物质生产，因此，除了高科技的设施农业之外，一般大田农作物基本上无法规避自然风险的影响，例如，遇到台风、龙卷风、冰雹、洪水、干旱等，可能会造成农作物的大面积减产，甚至颗粒无收。对于自然风险的防范，家庭农场必须要有充分的思想准备，在风险降临时，尽可能采取积极的补救措施，争取减少自然灾害的损失。同时要积极争取国家政策性农业保险，必要时还应该参加农业商业保险，通过保险减少经济损失，化解风险。

二、病虫害和畜禽疫病风险

农作物病虫害的暴发情况每年不一样，例如，许多原来为害较大的病虫害减少了，但一些过去影响不大的病虫害突然大暴发，让人措手不及，严重影响作物产量。而畜禽的传染病就更加棘手，有许多病原菌可以同时感染人与动物，称为人畜共患病。所以，一旦畜禽养殖场发生了人畜共患病，那就只能将畜禽全部强制扑杀。在动植物疫病风险的防控上，家庭农场要实行严格的技术管理和坚持不懈的防控措施。

三、市场风险

一般而言，农业的市场风险要高于工业和服务业的市场风险。这是由农业的季节性和农产品的集中上市决定的。另外，农产品还有保鲜的要求，大部分鲜活的农产品保质期很短，所以在农产品收获后，必须尽快出售，否则就会导致农产品的品质下降，影响销售价格，造成增产不增收。应对市场风险，一是要依靠科技支撑，在品种选择和栽培措施方面，能够避开农产品的集中上市时段，以错位竞争避免价格恶性竞争；二是要重视市场的需求的调研，正确判断供求关系，调整产品结构，尽可能避免“丰收陷阱”；三是要大力发展订单农业，通过农超对接等措施，保障销售渠道的稳定顺畅。

四、社会风险

所谓社会风险，是指因个人或单位的行为，包括过失行为、不当行为及故意行为对社会生产及人们生活造成损失的风险。家庭农场面临的社会风险基本上是社会诚信的风险，大多数是由于农民的法律意识、诚信意识不足引起的。例如，家庭农场需要农民在自愿的基础上流转土地，在获得流转土地经营权后进行农田基本建设，但在实际中，有的农民可能提出种种理由，违约强行收回土地，引发矛盾冲突，影响家庭农场的规模化经营。更有甚者，看到家庭农场获得较大的经济收益时，暗中破坏或者偷窃，由于人多势众，家庭农场应对这类风险，显然力不从心。为了预防这类风险，家庭农场要加强公共关系处理，密切与流转土地农民的联系，防止发生矛盾冲突；在经济收入增加的情况下，还应增加土地流转的费用，以实现各方面共赢；在矛盾冲突发生时，要及时与政府部门沟通汇报，尽可能得到政府有关部门的保护和支持。

第十章 家庭农场典型案例

本章汇编了农业农村部于2021—2022年公开发布的8个全国家庭典型案例，包括开展科学高效种粮、增强农业生产能力、发展乡村产业、提高经营管理水平、促进产业融合发展等方面。

一、抓住五个关键　闯出科学种粮新路
——山西省临猗县郭秀爱家庭农场

山西省临猗县郭秀爱家庭农场由种粮大户成长形成，抓紧农田改良、机播机收、飞防植保等关键环节，实现节本增收，大幅提高了农场的粮食亩均产量和经济收益。

郭秀爱家庭农场诞生和成长在山西省运城市临猗县，这里土地肥沃、光照充足，具有发展粮食生产得天独厚的自然优势，曾是山西省最大的“粮仓”。农场主郭秀爱和丈夫王成学是普通农民，2010年前后，因村里的年轻人外出打工较多，郭秀爱夫妇着手流转无人耕种的土地，种植小麦和玉米。到2015年，累计流转土地300亩，年产粮食300多吨，成为当地种粮大户，具备了成立家庭农场的基本条件。2016年，郭秀爱夫妇成立家庭农场，实现了由种粮大户向家庭农场的升级。农场种植规模达780亩，拥有固定资产200万元。2020年，生产小麦330吨、玉米575吨，总产值166万元，实现利润38.3万元，家庭人均纯收入达到7.7万元，闯出了一条种粮致富的新路，被评为省级示范家庭农场。

（一）加大基础设施投入，为持续稳产高产奠定坚实基础

农场成立之初面临的首要问题是流转的土地绝大部分为旱地和荒地，很难保证稳产高产。一方面，农场在改善水利条件上下本钱，先后投资10万余元，购置大型喷灌机、配套水肥一体化滴灌设备，使80%以上土地实现了旱涝保收，节约了宝贵的水资源，逐步扭转了靠天吃饭的被动局面；另一方面，农场在土壤改良上下功夫，购买大型铲车，对所有耕地进行平整深松深翻，全部秸秆还田，有效改良了土壤结构，增加了有机质。随着农场旱地变水田、荒地变良田，实现稳产高产水到渠成，农场用于基础设施方面的投入累计达到上百万元，为提高单产奠定了坚实基础。

（二）提高机械化作业程度，为实现节本增效创造有利条件

农场先后购置农业机械20台（套），大都是国内先进设备，其中大型拖拉机2台、大型铲车1台，联合收割机、深松整地联合机、自走式植保机各1台，免耕全层施肥精量播种机2台，灭茬旋耕机、深松机等10台，植保无人机2台，农场耕、种、防、收综合机械化程度达到100%。郭秀爱夫妇还对播种机的上肥器进行革新改造，使用起来更加得心应手。对比人工与农机工效，农场的植保无人机喷洒药物均匀，防治效果良好，省时省工省药，过去喷一次药要雇四五个人，至少需要20天时间；现在农场主一人用无人机作业，两三天便可完成，工效比传统喷药方式提高25倍。

（三）应用先进适用技术，为生产优质产品注入强劲动能

农场主夫妇为了提高自身水平，四处拜师学艺，多次自费向专家求教，到先进农场参观学习，很快掌握了良种培育、生物防治、小麦探墒播种、玉米精量播种、水肥一体化等吨粮田生产技术，并采用标准化管理模式发展绿色有机农业，使农作物产量、质量逐年同步提高。农场小麦亩产由过去的300~400千克增加到650千克以上，玉米亩产由700千克提高到1 050千克，亩均增收

500~600 元。每年农场的小麦、玉米收获之后，很快就被当地的面粉厂、食品厂抢购一空，有些企业还与农场签订了长期购销合同。

(四) 强化规范管理，为农场健康发展提供制度保障

严格规范的规章制度是家庭农场健康发展的基本保障。农场在实践中不断总结完善，建立健全了岗位责任、安全生产、财务管理、学习培训、标准化生产流程、农业机械操作规范等 10 项规章制度，使农场管理逐步走上制度化、规范化、可追溯的轨道。

(五) 发挥示范引领作用，为助推乡村振兴作出积极贡献

农场在不断发展壮大的同时，不忘回报家乡，自觉肩负起示范带动的社会责任。农场吸纳周边村剩余劳力 15 人到农场工作，毫无保留地向当地粮农和前来参观的农场主传授技术经验。农场选择引进的山农 28 小麦新品种，在全镇推广种植 3 万亩，累计为全镇粮农增加收入 800 余万元。同时，农场还为周围农户提供农机作业服务，使全镇机械化作业率、秸秆还田率均达 100%。针对外出打工人员增多、农村劳动力逐年减少的状况，农场对 216 户农户的 1 600 亩土地实行托管，双方协商签订托管协议，由农场负责提供耕、种、防、收等全程服务，收取托管费用，缺劳力农户收益不减反增，深受农户欢迎。

二、创新理念办农场　增产增收增效益

——辽宁省台安县凤娟家庭农场

辽宁省台安县凤娟家庭农场坚持科学种植，向良种良法要产量，实行精细管理，靠节本增效提收益，通过水稻种植全程机械化作业，利用农闲开展农业生产社会化服务，闯出了一条家庭经营、服务带动的路子。

凤娟家庭农场位于辽宁省台安县高力房镇锅称子村，主要从

事水稻、玉米等作物生产。农场发起人高凤娟嫁到锅称子村后，为帮助丈夫减轻家庭负担，在惠农强农政策指引下，于2011年成立了农场，2014年注册登记，注册资金114万元。农场主要成员3人，常年雇工1人，季节性雇工10余人；耕地种植面积1 100亩，其中家庭承包地18亩、流转耕地1 082亩，固定资产64万元。2020年，全年水稻、玉米产量达到770余吨，收入共计234万元，纯收入达78万元，2014年被评为县级、市级示范家庭农场和辽宁省重点示范家庭农场。

（一）在科技提升中寻求产量增长

农场经营初期凭借传统的种植方法生产，靠天吃饭，随着经营规模的扩大，流转的土地质量参差不齐，迫切需要转变种植理念、改变种植方法。初中文化的农场主高凤娟坚持认真观察、记录秧苗生长状况、施肥效果，不错过每次培训机会，学习土地酸碱度、肥料成分比例、种植密度、土地深耕等专业知识，多次到沈阳市农业科学院等科研院所寻求优种良方。功夫不负有心人，凤娟家庭农场的作物单产与品质稳步提升，农场种植的水稻亩产稳定在725千克以上，玉米亩产稳定在700千克以上。有了农产品的品质保证，每年粮库都会主动上门来收购，每千克价格要比市场价格多2~4分钱。

（二）在精细管理中增加经济效益

随着农场规模的扩大、雇用人员的增多和机械设备的增加，家庭式、粗放式管理已无法适应生产需要，迫切需要开源节流，从管理中要效益。农场从人、财、物入手，全面加强日常经营管理。在农忙季节提前预估用人数量，约好用工，避免出现多花钱雇不到人的情况；同时减少长期用工，以短期工、临时用工为主，用工费用稳定在每人每天120元左右。科学合理安排机械作业，指定专人负责统筹调配机械设备的管理，出现故障以农场自修为主。统一采购种子、化肥、农药、农膜、燃油等物资，新年前储备化肥，每亩可节约成本30元。聘用专业人员管理农场的账目，做好年初预算、年终结算，使农场的费用支出、盈亏情况做到一目了然。

（三）在机械化耕作中提高劳动效率

为降低用工费用，提高作业效率、推进机械化作业成为农场发展的必然趋势。凤娟家庭农场近几年不断加大对耕种设备的投入，共投资60余万元购置机械设备13台（套），实现了玉米从种到收和水稻育苗、插秧、收割的全程机械化。机械化作业在降低用工成本、提高作业效率的同时，也为家庭农场进一步扩大种植规模提供了基础条件。

（四）在托管服务中带动广大农户

农场在农闲时间为农户讲解新的种植技术，现场指导救治稻苗的方法，无偿为村民代买种子、化肥等物资。对于家庭困难或无法外出打工的村民，农场在农忙时节优先雇用；对于家中没有劳动力耕作的农户，农场以优惠的价格积极提供生产托管服务。

三、坚持有机理念　培育健康蓝莓
——北京市怀柔区聚园兴家庭农场

北京市怀柔区聚园兴家庭农场明晰成员责任分工，实行科学管理，在生产上坚持绿色高效种植，在销售上采取进驻商超、高端定制、社区团购、电商促销、亲子采摘等多种方式满足市场需求。农场还着力打造蓝莓品牌，开展技术输出指导，辐射带动当地产业发展和农民就业增收。

聚园兴家庭农场位于北京市怀柔区九渡河镇黄花镇村，创建于2014年，农场主石廷栋等家庭成员5人流转了村里46亩土地，共建47栋大棚，种植浆果型蓝莓约1万株。农场通过更新经营管理理念、生产技术和经营品种，优化种植模式，树立产品品牌，发展农业旅游，综合实力持续增强。

（一）明确农场分工，有序开展生产

为保障经营活动有序开展，聚园兴家庭农场进行了家庭成员分工，实行科学管理。农场主石廷栋主要负责引进蓝莓品种和栽培技术；其父母负责蓝莓管理，带领工人采摘，做好筛果、分级工作，把好质量关；其子负责蓝莓营销，做好电商推广及亲子采摘等项目。农场结合所在地九渡河镇的浅山优势，吸引客户到农场参观，到有山有水有长城的环境采摘，让客户亲身体验农场昼夜温差较大、土壤 pH 值以及水质优良的优势，提高客户对农场产品的认可度。

（二）科学栽培种植，确保产品品质

聚园兴家庭农场种植蓝丰、都克、瑞卡、莱克西 4 个品种的蓝莓。为保持蓝莓绿色健康的品质，农场实行科学栽培管理，不断完善基础设施，改良生产技术，有效提高了生产效率，改善了果实品质。

一是健全排灌系统。安装了滴灌设备，采用深水井灌溉，对蓝莓进行定期定量浇灌。

二是坚持绿色种植。采用人工除草、剪枝，杜绝农药摄入，保证有机果实的质量和口感，抽检合格率达到 100%。施用海藻有机肥，解决了果品大小不均、品质不高的问题。

三是强化技术支持。农场邀请辽宁省果树科学研究所专家驻地指导蓝莓疏花疏果、调土整地、调苗栽植等种植和管理技术，每年对蓝莓进行产后剪、促花剪、冬剪 3 次剪枝，为每个大棚安装了卷帘机、防鸟网、防冰雹网，在保护果实的同时确保大棚内温度适中、通风良好，农场蓝莓产量从 2.5 吨提高到 12 吨。

（三）创新营销方式，拓展销售渠道

为切实解决蓝莓销售问题，聚园兴家庭农场实行多元化的销

售策略。

一是进商超保销售。经过几年的积累，在怀柔及昌平地区累计与 8 家水果店进行长期合作。

二是高端定制销售。对农场积累的忠实客户，农场会在采摘期内按照客户的个性化需求安排产品发货，直接配送到家。

三是社区采购群销售。农场蓝莓粒粒饱满，口感纯甜，吸引了一批回头客，多个社区群订单不断。

四是电商平台销售。农场借助“山水兴农”公众号、微信、淘宝等平台进行网上销售，扩大销售量。

五是签约合作。农场实行农旅结合，与上海爱之果农业科技公司签约，共同开展蓝莓亲子采摘活动，每个周末都会吸引 30 多个家庭前往采摘，有效拓展了产品销路。

（四）注重品牌建设，提升市场影响力

为突出农场蓝莓特质，满足消费者“好吃又健康”的需求，农场把品牌化经营摆在首位，2018 年注册了“山水兴农”商标，让消费者认准品牌。在农场和“山水兴农”品牌带动下，2019 年农场所在的黄花镇村获得了“全国‘一村一品’示范村”荣誉称号，蓝莓种植成为村里的主导产业。

（五）产业辐射带动，增强社会效益

聚园兴农场通过发展蓝莓产业，有效带动了周边经济社会发展。

一是带动当地就业。农场一年季节性用工近 1 500 个，其中来自低收入户的用工近 400 个，带动了本村及周边农村劳动力和低收入群体就业，增加了农民收入。

二是输出技术支持。经过反复摸索，农场积累了蓝莓种植、口味改良等一整套技术方法，农场主石廷栋经常受邀为其他农场主解决种植、培育问题，提供技术支持。

四、多措并举谋发展　调优结构促增收
——天津市北辰区幸福威尼家庭农场

天津市北辰区幸福威尼家庭农场实行规范化、精细化管理，通过引进新品种、调优种植结构、坚持绿色生产、改良土肥条件、提高农产品质量、注重技术示范推广，实现节本增效和特色品种的规模化种植。

幸福威尼家庭农场位于天津市北辰区双口镇前丁庄村，创办于2015年，2020年在北辰区市场监督管理局登记注册。农场流转土地132亩，建有办公室3间、存储仓库1栋、日光温室12个、冷棚2个，常年雇工2人。农场开展集约化、规模化、商品化生产经营，主要从事蔬菜、水果、薯类的种植及销售。农场多次被天津电视台都市频道《赶大集》栏目等新闻媒体报道，被选为天津市林果产业技术体系创新示范基地和俱乐部的活动实践基地。

（一）引进优良品种，促进产业升级

农场在成立之初种植传统农作物，产品缺乏竞争优势，连年亏损。眼见投入的财力和精力得不到回报，农场主周述松一度想要放弃经营。在家人的鼓励下，周述松找出路、谋发展，向优秀农民合作社学习，向农业专家、种植能手请教，总结农场经营失败的教训，决定调整产业结构，走高端特色农业的路子。

一是引进种植高品质、高营养、高附加值的品种。农场先后引进种植烟薯25、西瓜红、哈白等红薯新品种5个，阳光玫瑰、甜蜜蓝宝石等葡萄新品种10个，新黄金巨蟠、早黄油等桃新品种5个，早酥红梨、秋月梨等梨新品种2个。农场依托天津农学院和天津市农业科学院的专家指导，很快形成特色品种的规模种植，烟薯25等红薯品种亩产量提高1吨左右，收益增加1倍。

二是开展科学种植。农场以消费者需求为导向，坚持生态防

控、物理除虫优先，严格控制化学投入品使用。聘请第三方论证分析农场土壤质地和养分状况，采用测土配方施肥技术，增施有机肥，改善土壤环境。2020 年农场投资 8 万元铺设田间管网，实现了田间水肥一体化，施肥量较往年减少 30%。农场积极开展农田残膜、棚膜及农药包装废弃物回收利用工作，将回收的农膜及农药包装废弃物主动交给专业回收机构进行处理，杜绝了土壤污染，保护了农场环境。

（二）挖掘销售渠道，突出经济效益

农场采用产销一体化、服务全配套的生产经营模式，消费者可通过微信、电话等渠道线上下单，农场上门送货。采用特色销售方式拓宽销售渠道：常年开展农产品采摘业务，年接待采摘游客 1 000 余人次；红薯成熟季节开展收红薯、烤红薯农事体验活动，吸引众多家长带孩子体验农事活动。

2020 年，农场探索开展果树认领活动，消费者累计认领桃、梨等果树 150 余棵，顾客认领果树后可自行管理或由农场代管，果实成熟后由顾客自行采摘。农场在节约了投入成本的同时，也带动了其他农产品的销售。

（三）带动周边农户，注重合作共赢

农场引进红薯新品种并试种成功后，免费帮助有种植意愿的农户订购幼苗，推广滴灌栽培、高埂密植等种植技术，采用现场演示传授、电话咨询答疑、主动上门指导等方式，帮助农户解决种植过程中遇到的难题。经过多年不懈努力，农场累计带动周边种植农户 200 余户，红薯种植面积扩大到 2 000 余亩。近年来，农场还引进许多果树新品种，从中筛选出品质好、产量高的品种在周边农户中进行推广。

（四）完善规章制度，实行规范管理

“不以规矩，不成方圆”，农场主周述松深知农场要发展，

必须实行规范化管理。为此，他到农业企业参观学习，跟成功的农民合作社交流经验，结合农场实际制定了生产、财务、用工、学习培训及品牌培育推广等规章制度，形成了行之有效的制度体系。明确了农场组织架构，实行生产、销售、财务专人负责制，提高运行效率。严抓生产记录，认真做好生产、销售及田间农事操作记录，及时掌握市场反响好的产品种类进行种植生产，总结好的经验做法，不断改进种植方式。严格执行《幸福威尼家庭农场财务管理制度》，聘请专业会计进行财务报表、记账、结账等财务管理工作；农场主定期查看农场现金及银行存款余额，密切关注农场资金收支情况，研究增收节支方案。通过查看历年的经营收支情况，农场主发现采摘收入连年上涨，由此分析农事体验类服务市场前景广阔，于是便加大宣传力度，拓展了采摘、果树认领、户外拓展等业务，实现了农场收入大幅度提升。农场每年播种、施肥、收获时节需要临时雇用大批工人，经过成本测算，农场购置了播种、收获等农业机械，在田间铺设水肥一体化管网，在实现节约成本的同时还提高了作业效率。

五、发展蚯蚓产业　美化人居环境

——辽宁省沈阳市宏锦龙家庭农场

辽宁省沈阳市宏锦龙家庭农场从牛粪中发现商机，2015 年开始养殖蚯蚓，将牛粪变废为宝，改善村屯环境。农场与高校合作，建设科技示范培训基地，利用蚯蚓粪研制水稻肥料，培育水稻秧苗，防控病虫害。农场带动周边农户发展蚯蚓产业，解决了村屯剩余劳动力问题，带动村民增收致富。

宏锦龙家庭农场成立于 2018 年 11 月，注册登记为个人独资企业，主要从事谷物种植与销售，蚯蚓养殖与销售，蚯蚓粪便、有机肥料销售。农场有家庭成员 3 人，农场主董宝林统筹农场全面工作，妻子负责蚯蚓销售和技术培训，常年雇工 5 人负责蚯蚓收获、装箱和网上营销工作。农场养殖蚯蚓 108 亩，种植水稻 163 亩，拥有蚯蚓收获机、翻斗车、铲车等农机具 25 台（套）。2021 年，农场经营收入总额 250 万元，净利润 76 万元。

（一）变废为宝，选定农场主营方向

辽河滩内水草丰富，村里养牛的农户有 20 多户。随处可见的牛粪不仅散发出难闻的气味，还严重影响了村里的居住环境。农场主董宝林了解到养殖蚯蚓可以对畜禽粪便进行无害化处理，是一条变废为宝的致富之路，随即到河北、山东等地考察学习蚯蚓养殖技术。为保证蚯蚓养殖所需的牛粪，农场与 350 家养牛大户签订了牛粪购销清理协议，每半个月为养牛户免费清理牛粪一次，年清理牛粪 1.5 万吨，不仅帮助养牛户节省了清理费用，而且为农场养殖蚯蚓节省了成本投入，按照每吨牛粪 10 元计算，每年可为农场节约成本 15 万元。

（二）打破常规，延长蚯蚓产业链条

养殖蚯蚓的传统销路主要是药厂和饲料场，蚯蚓粪一般作为有机肥和花土直接出售。近年来，农场与沈阳农业大学合作，利用蚯蚓粪研制育苗基质和土壤改良剂，提高了蚯蚓养殖副产物的利用率和附加值。2022 年，农场自建工厂化水稻育苗大棚一座，使用蚯蚓粪肥基质进行水稻育苗。与普通水稻育苗相比，农场培育的水稻秧苗长势好、根系发达，发根率提高了 20%左右，水稻苗期的抗病能力也大幅提升。农场种植的水稻全部用蚯蚓粪肥代替化肥，平均每亩地施用蚯蚓粪肥 5 米^3，亩产水稻 675 千克，产量提高了 9%。农场年产蚯蚓粪肥 7 900 吨，其中 350 吨用作水稻育苗基质，200 吨用于自家水稻田施肥，其余对外出售，每年为农场创收 90 万元。

（三）开拓销售，带动周边共同发展

农场生产的蚯蚓和蚯蚓粪肥主要通过电商平台销往沈阳、吉

林、长春等地，年销售额达50万元。2022年，农场与法库县孟家有机肥料厂签订了5 000吨的蚯蚓粪销售合同，进一步拓宽了蚯蚓粪销售渠道。农场发展蚯蚓养殖业后，陆续带动周边4户村民养殖蚯蚓150亩，带动200多户村民发展以蚯蚓粪为底肥的有机水稻种植600余亩，实现增收近30万元。

六、走科学高效养殖路　当绿色生态“领头羊”

——内蒙古自治区通辽市扎鲁特旗忠英家庭牧场

内蒙古自治区通辽市扎鲁特旗忠英家庭牧场精进养殖技术，优化羊种群结构，提高繁育率和出栏率，改进养殖模式，推行“饲草秸秆—养羊—粪还田”绿色循环经营，实现经济效益与生态效益双丰收。忠英家庭牧场位于内蒙古自治区通辽市扎鲁特旗乌额格其苏木华杰嘎查，以养殖经营澳洲白、杜泊、蒙韩串子绒山羊为主，坚持科学养殖，视草原生态保护为命根子，形成了“科学养殖、规模适度、绿色发展、示范带动”的现代化家庭经营模式，2020年被评为旗级示范家庭农牧场。

（一）坚持品种改良，不断优化种群

牧场主娄瑞贵结合多年的养羊经验，学习钻研科学养殖技术。他把多年养殖老品种的800多只绵羊和山羊全部淘汰出售，只留下4 000只精心选拔的优质内蒙古黑头串子基础母羊，在此基础上引进25只澳州白、杜泊、蒙韩串子绒山羊等种公羊，通过人工授精手段，进行杂交繁殖，110只育龄母羊产羔143只，繁成率达130%。所产羔羊在饲养过程中显现出抗逆性强、生长发育快的优点。牧场实施种公羊三年一更换，在杂交二代三代基础上，严格选择理想型个体进行横交固定繁育，加强技术规范度，从对种公羊更换的技术，到孕期母羊和乳期母羊的管护、日粮配给、接羔保育，以及羔羊各生长阶段的管护、日粮配给、育

成基础种羊的选拔鉴定等，都按照科学严谨的程序规范操作。

通过多年的经验积累，牧场繁育水平进一步提高，补饲育肥的羔羊出栏屠宰率比其他牧户育肥的同期羔羊高出27%，高繁育率和出栏率更坚定了牧场走科学发展畜牧业道路的信心。

（二）绿色生态养殖，发展循环经济

牧场地处扎鲁特山地草原，有草场面积4 000亩，其中流转租赁草场1 100亩。牧场早期养了500多只土种羊和300只绒山羊，草场因载畜量过重而退化严重，每年购买牲畜过冬饲草料费占收入比达65%，遇到灾年更是只出不进。近年来，牧场创新草原畜牧业科学养殖模式，减轻草场压力，存栏1 100只基础母羊，每年过冬羊不超过200只，草场得到休养生息，植被恢复明显，产草量大幅提高，加快了经营周转，收益逐年稳步提高，2020年实现纯收入97万元。

牧场发展“饲草秸秆—养羊—粪还田”的全程绿色循环经营模式，年产羊粪近10吨全部还田于400亩耕地，产出的青贮、玉米和秸秆加工成羊饲料。牧场农作物秸秆和畜禽粪污资源化综合利用，避免了秸秆焚烧、畜禽粪便堆积造成的环境污染，做到产业发展与生态环保并举，经济效益与生态效益双丰收。

牧场重视牲畜疫病防疫，学习牲畜疫病防疫知识，坚持未病先防，制定严格的防疫制度和执行预案。一年防疫4次，洗羊5次，每天定时对人员、棚圈、器具实施全面喷雾和冲洗消毒，按时为羊进行洗浴、药浴和内服驱虫，对羊群及时注射各类防疫疫苗，有效杜绝了牲畜各类疫病的发生。

（三）争当示范楷模，走共同富裕路

先进的设施设备成为牧场提高效益的重要保障。牧场先后建设630米^{2}标准化暖棚、480米^{2}凉棚、1 200米^{2}活动场地、160米^{2}隔离圈舍，隔分为种公羊、空怀母羊、怀孕母羊、羔羊的独

立休宿场所，使羊群不拥挤、不串群，既有效遏制了牲畜因寒冷而发生的掉膘损失，又保障了气温高时通风舒适；配备了先进的隔栏饲喂设备，杜绝了羊在饲喂、给水过程中因相互抢食而发生的饥饱不均及呛食、嗝噎现象。配套建设了 544 米^2 标准化储草棚、300 米^2 饲料库，防止饲草料在储放过程中发生霉变现象；配建了更衣室、药务室以及看护室，购置配备了打搂草机、饲料搅拌机、剪毛机等畜牧业机械，降低了劳动强度，节省了人力。在牧场的带领下，全嘎查十几户村民搞养殖业，纷纷过上了红火的小康日子。牧场流转了本嘎查村民的 2 000 亩草场，流转费用 3.5 万元，让闲置的草牧场得以利用。每年在嘎查短期雇工共计 300 人次，支付劳动报酬 5 万元。农场将自己的养殖经验毫无保留地教给嘎查牧民，引领更多农牧户增收致富，成为扎鲁特旗当地致富“领头羊”。

七、产业融合开新路　全面发展创营收
——河北省承德富硒家庭农场

河北省承德富硒家庭农场从资源禀赋和自身条件出发，丰富产业结构，探索农旅结合，逐步确立起“林上结果、林中旅游、林下种养”的立体经营模式，农场品牌知名度不断提升，经营效益持续向好。

富硒家庭农场位于河北省承德市兴隆县大杖子镇小杨沟村，创办于 2015 年 10 月，占地面积 1 001 亩，主要发展经济林及林下经济，建设了山野菜繁驯、研发、种植、推广基地和君子兰生产基地，被评为河北省省级示范家庭农场、承德市市级示范家庭农场。农场创新总结出“林上要果、林中旅游、林下间作”的立体式经营模式，实现农旅互动、产业融合，经济效益和生态效益双提升，带领山区农民走出一条创业致富的新路子。农场主王

琰璞是中国民主建国会河北省委第九届农业委员会委员，河北省承德市双滦区第八届、第九届政协委员，农民高级技师、农作物植保员，多次获评民建优秀会员、双滦区优秀政协委员。

（一）立足地区实际，明确发展思路

承德是“八山一水一分田”的山区市，山区面积约占全市总面积的80%，具有四季分明、光照充足、冷暖适中、昼夜温差大等气候特点，适宜林果产业发展。农场因地制宜发展经济林产业，将市场消费的目标群体聚焦京津地区与东北三省，在承德与京津接壤的兴隆县选择了生产位置，流转坡耕地290亩、林地711亩。在经济林树种选择上，农场摸索实践，听取相关专家建议，引育了岳红苹果、国光苹果、金翠香梨、寒红梨等一批适合当地栽植的新品种。

（二）注重产业融合，创新发展模式

农场四周群山环抱，多奇山怪石和自然景观，为农旅融合发展提供了条件。农场从创建之初就意识到，单纯发展经济林卖鲜果，易受市场因素影响，需要充分利用土地资源多元发展，提高农产品附加值。为此，农场大力发展采摘业，种植翅果油树200亩、刺嫩芽260亩、苹果32亩、桃30亩、梨20亩、板栗30亩、枣50亩、君子兰1万棵。特别是引进种植的繁驯野生刺嫩芽和老山芹，抗自然灾害能力极强，倒春寒、冰雹等自然灾害发生的时候它们已经采收完成，对其没有任何影响，仅需要春季采收，其余三季可以粗放管理，成为适合在山区半山区劳动力少的农户家庭种植推广的“懒农”模式。

围绕利用经济林下闲置土地，探索发展林下经济，从东北三省引进种植老山芹300亩，养殖藏香鸡、大骨鸡、番鸭、狮头鹅、藏香猪等畜禽。随着果树挂果，来农场的游客陆续增多，农场成为承德周边“赏自然美景、摘生态果蔬、吃农家饭菜”的

休闲游重点场所，年接待旅游人数1 000余人次。通过林上结果、林中旅游、林下种养，推动一产与三产深度融合，实现了农场经济效益最大化，走出了山区半山区推动乡村振兴新路子。

（三）完善基础设施，改善生产条件

农场致力于改变靠天吃饭的局面，从建立之初就着手兴建水利设施，建设2 300米^{3}和100米^{3}蓄水池各两座，铺设灌溉管线2 000多米，并安装滴灌设备、施肥罐，在果园实现水肥一体化，极大地节省了灌溉、施肥用工投入，提高了肥料利用率。投资40万元建设了326米^{2}地下果蔬冷藏保鲜库，实现果蔬保鲜增值，有效缓解了收获季节果蔬集中上市的压级压价。修建混凝土作业路7.1千米，使家庭农场与村级公路联通，方便了农场生产生活和游客采摘。

（四）突出品牌建设，扩大市场影响

过去在果树挂果初期，农场主每天都要跑超市、跑市场，联系客商销售果品，因为没有品牌，价格总是被压得很低，不太好卖。这段经历让农场充分认识到了品牌建设的重要性，开始加强品牌策划，注册了“菁稷”商标。相对于商标注册前，农场生产的果品和野菜价格提高近50%，提升了农场产品的知名度，拓展了销售渠道，京津地区和东北三省的部分客商开始主动与农场联系洽谈业务。目前，农场已与天津食品集团、天津劝宝农副产品有限公司等多家企业签订合作协议。

（五）健全规章制度，提高管理水平

农场实行企业化管理，建立岗位责任、标准化生产、财务管理、学习培训等一系列经营管理制度，构建了职责分明、流程严密、科学合理的管理体系。农场设生产部、市场部、财务部，农场主王琰璞负责市场部的经营管理和营销，其他家庭成员负责生产部、财务部。农场主的主要精力放在开发客商上，通过打造农

场优良环境，吸引客商到农场洽谈合作、采摘观光。规范化的管理使农场建设已进入良性发展轨道。

（六）勇担社会责任，助力乡村振兴

农场成立后，主动和兴隆县大杖子镇小杨沟村委会联系，为建档立卡贫困户提供20个就业岗位，每人每年增收8 000元以上，帮助他们摆脱贫困。在中秋节、春节等重要节日，农场为贫困户送去米面油，让他们感受到温暖；在新冠疫情防控期间，农场向村委会捐赠价值5 000元物资。同时，农场积极为周边有意愿发展经济林产业的小农户提供技术和服务，组织专家和高素质农民开展经济林产业发展培训30余次，培训农民3 000余人次，帮助他们掌握生产技术。

八、确保品质促发展　三产融合增效益
——陕西省西安市长安区一花一草家庭农场

陕西省西安市长安区一花一草家庭农场实行产加销一体化经营，以自产葡萄为原料加工果醋、葡萄酒、白兰地等产品，利用区位优势开展休闲采摘、农事体验等活动，借助媒体开展宣传营销，实现了三产融合发展。

一花一草家庭农场位于陕西省西安市长安区魏寨街道，成立于2016年，流转土地200亩，家庭成员4人，常年雇工10人，主要种植鲜食葡萄，开展葡萄采摘、加工、销售。农场种植基地南依秦岭、北临浐河，昼夜温差大、沙质土壤肥、光照水源足、自然禀赋独特。利用这些优势，农场种植以户太8号为主的优质葡萄品种20多个。农场年经营收入180多万元，带动长安区和蓝田县发展优质葡萄1 000余亩，被评为省级示范家庭农场，农场生产的葡萄系列产品获得全国葡萄产业科技年会评优大赛“金奖”、第二十四届农高会“后稷奖”等。

（一）科学种植，确保产品品质

农场将产品品质作为实现高质量发展的生命线。

一是严格检测，确保安全。农场建设葡萄品种试验大棚2 000米^2、葡萄避雨大棚50 000米^2，建设了农产品安全检测室，在销售前对每一批采摘的葡萄进行抽检，检测合格后，在每一箱产品上贴明追溯码，消费者通过扫描就可以了解葡萄生长周期和全程管理的情况。

二是严控产量，提升品质。为确保葡萄品质和口感，农场把葡萄亩产控制在1吨左右，使养分有效集中供给，提高糖分和可溶性固形物含量，提升葡萄品质和口感。

三是物理除虫，降低农残。农场葡萄生产区全部采用杀虫灯、黄黏板、性诱剂、糖醋液等物理防虫、除虫措施，实现减药降残，减少面源污染。

四是林下种草，改善生长环境。农场在葡萄树下套种鼠茅草，保持土壤水分，降低高温侵害，改善根际小环境，提高土壤团粒结构，创造适宜葡萄生长的土壤环境。

五是增施有机肥，提高葡萄品质。农场依托“户改厕”项目，收集各村粪污、养殖户牛粪鸡粪等，与果树枝条混合进行堆沤发酵，腐熟后用作葡萄基肥，不仅提高了土壤有机质含量，提升了葡萄品质口感，而且帮周边养殖场实现了粪污无害化处理及资源化利用。

（二）注重宣传，开拓销售市场

农场在坚持高品质产出的同时，在产品营销上也有独到的做法。

一是采摘直销。利用紧邻交通要道的区位优势，吸引观光游客采摘，让客户在享受田园乐趣的同时，品尝新鲜美味的高品质水果，取得了不错的经济效益和带动效应。

二是农超对接。主动与西安市6家高端果品超市联系进行销售，畅通盛果期销售渠道。

三是订单配送。农场在紫薇花园、西北工业大学社区、曲江龙湖社区等地开展订单直供，并组织收购其他家庭农场和农户的优质农产品垂直销售和配送。

四是网络营销。农场和新媒体公司签约，利用快手、淘宝等直播平台销售产品，打造线上线下结合的多元营销模式，为大规模生产解决了销路问题。

五是品牌营销。农场申请注册了“果优特”商标，每年在农场举行不同主题的特色园区活动，宣传推介特色农产品。

六是讲好农场故事。农场积极参加中央电视台17套《听党话、感党恩、跟党走》、陕西省农林卫视《西安农产品推介》等节目，通过电视、报纸和自媒体等渠道宣传农场主创业故事，扩大产品影响力。

（三）三产融合，提升经营效益

农场坚持“一产做实、二产做精、三产做活”的融合发展理念，不断提升产业经营效益。

一是对葡萄进行深加工。农场用自产葡萄酿制葡萄酒、白兰地、果醋等产品，不但直接降低了成品果的损耗率，而且延长了产品销售时间。

二是开展观光研学活动。农场结合经营策略和现有销售渠道，开展观光游、科普研学等项目，在提高产品附加值的同时，提升对客户的吸引力。

三是拓展农事体验项目。农场建设了1 800米^{2}的葡萄新品种展示长廊，用于丰富消费体验，引进种植草莓、羊肚菌等新产品，建设草莓、羊肚菌实验栽培钢架大棚10 000米^2，增加农场的观赏性和趣味性，有效增加了农场人流量，延长了游客驻园时间，增大了经济效益。

参考文献

傅志强，黄璜，2017. 现代家庭农场规划与建设[M]. 长沙：湖南科学技术出版社.
侯杰，王玉红，刘如江，2015. 家庭农场经营管理[M]. 北京：中国农业科学技术出版社.
李燕琼，郑祥江，魏晋，2020. 家庭农场经营的理论与实践[M]. 北京：电子工业出版社.
刘玉军，杨鹏，李谨，2018. 家庭农场经营管理[M]. 北京：中国农业科学技术出版社.
马俊哲，2015. 家庭农场生产经营管理[M]. 北京：中国农业大学出版社.
彭静，2020. 家庭农场经营与管理[M]. 北京：中国农业大学出版社.